AF411283

RUCHE FRANÇAISE

AVEC

LA MANIÈRE DE S'EN SERVIR,

OU

NOUVEAU PROCÉDÉ

Qui réunit les avantages de tous ceux publiés jusqu'à ce jour sur l'éducation des Abeilles.

Par J. VAREMBEY.

Inventa perficere non inglorium.
PHÆD. liv. 4. fab. 20.

A PARIS,

Chez { MICHAUD, frères, Imp-Lib., rue des Bons-Enfans, N.° 34.
BRUNOT-LABBE, Lib., Quai des Augustins.

A BOURG, (Ain).

Chez JANINET, Imprimeur-Libraire.

RUCHE FRANÇAISE

Avec la manière de s'en servir,

ou

NOUVEAU PROCÉDÉ

Qui réunit les avantages de tous ceux publiés jusqu'à ce jour sur l'éducation des Abeilles:

———

Nous avons des livres de toute sorte sur les abeilles. De savans naturalistes n'ont pas dédaigné d'en faire l'objet de leurs observations et d'étudier les lois et les habitudes qui règnent dans la société monarchique de cet insecte précieux. Nous avons de grandes obligations aux *Swamerdam*, aux *Réaumur*, aux *Schirach* et aux *Hubert*; ils ont fait, sur l'histoire naturelle des abeilles, des découvertes qui jettent un grand jour sur la manière de les élever, et qui devraient depuis long-tems nous avoir procuré un Traité pratique qui remplît l'attente de tous les cultivateurs d'abeilles. Des foules d'ouvrages ont paru; des ruches de toutes les formes; de toutes les matières ont été conseillées : chaque auteur a préconisé la sienne comme la meilleure, et cependant la pratique a fait à peine un pas vers le mieux. Si quelques-unes de ces méthodes parent à quelques inconvéniens, elles en laissent subsister un grand nombre ; et toutes sont loin d'atteindre à ce degré de perfection qu'elles semblent promettre.

Les amateurs les plus zélés, rebutés de tant d'inutiles essais dont les livres leur promettaient de si brillans résultats, n'ont point trouvé d'imitateurs parmi les gens de la campagne, qui, loin de se confier aux hasards des tentatives, ouvrent à peine une oreille défiante aux nouveautés, malgré la certitude et la constance des succès.

L'imperfection de ces diverses méthodes a amené au point de croire que l'éducation des abeilles devait être abandonnée à la seule nature, et que, prétendre par des soins augmenter les produits, multiplier les essaims et conserver les ruches toujours jeunes et vigoureuses, c'était une chimère qui n'existait que sous la plume des auteurs. L'enthousiasme si souvent déçu des amateurs a dégénéré en découragement, et les abus qu'aucune méthode réformatrice n'a pu remplacer d'une manière satisfaisante, se sont maintenus dans la culture des abeilles.

Il est bien vrai que l'abondance du miel et la multiplication des essaims dépendent surtout du climat, du genre de culture qui s'y fait, de la plus ou moins grande fécondité des reines, du cours régulier ou irrégulier des saisons, mais elles dépendent aussi, quoique moins directement, de la forme de la ruche et de la manière dont on y gouverne les abeilles.

En effet, si on ne peut augmenter la capacité de la ruche quand elle est remplie dans le milieu de la belle saison ; si on ne peut la récolter que par l'opération de la *taille* où le fer donne la mort à des milliers d'abeilles, où on enlève une quantité plus grande encore de couvain destiné à peupler la ruche et à produire les premiers essaims, et où on affame le reste de la colonie dans le moment où les vivres lui deviennent le plus nécessaires ; si on ne peut nourrir les ruches indigentes ; si on ne peut détruire la teigne qui les infecte ; si on ne ferme point leur entrée aux souris pendant l'hiver ; si les rayons abrités du soleil mettent les abeilles en mouvement dans l'hiver ou les engagent à sortir et à chercher une mort inévitable ; si en été, la chaleur du soleil ramollit la cire et les force à suspendre leurs travaux ; si on ne renouvelle point la vieille cire ; si en un mot tous ces désastres que l'homme attire en partie sur les abeilles, et dont il pourrait les préserver, existent isolés ou accumulés contre ces précieux insectes ; une partie des ruches périra régulièrement chaque année , les autres se dépeupleront d'ouvrières, les essaims deviendront rares , tardifs et par conséquent peu productifs, et le miel ne s'amassera point.

C'est dans la vue de rémédier à ces nombreux inconvéniens, que tant de méthodes ont déja paru jusqu'ici, et que tant de diverses sortes de ruches ont été proposées aux cultivateurs d'abeilles.

La ruche à hausses , composée de plusieurs étages , est certainement la plus avantageuse de toutes ; mais il manquait de savoir s'en servir pour jouir de tous ses avantages ; et depuis *Palteau*, son inventeur , jusqu'aujourd'hui , les nombreux auteurs qui, après lui, en ont conseillé l'usage, tout en prétendant enchérir sur sa méthode , n'y ont apporté d'autre changement que de simplifier la construction de la ruche , sans rémédier à ses vices. La faculté qu'elle offre de renouveler la cire est d'un prix inestimable ; mais la récolte du miel, faite dans une cire noire et dégoûtante, la section des gâteaux, opérée par le fil de fer et les désordres qui en sont la suite , faisaient payer trop cher l'unique utilité qu'on sût tirer de cette ruche , et lui ont fait préférer , par le plus grand nombre des cultivateurs , l'usage de celle à capote, dont M. *Lombard* a perfectionné la construction sous le nom de *ruche villageoise.*

Cette ruche procure du miel parfaitement beau

par la dépouille de sa capote ou couvercle ; mais outre un grand nombre d'autres inconvéniens, on a le désagrément de voir, au bout de quatre à cinq ans, ses abeilles menacées d'une destruction inévitable par la vétusté des gâteaux qui remplissent le corps de la ruche, quoique les abeilles qui l'habitent soient jeunes et vigoureuses. Pour dernière ressource alors, on est obligé de recourir au transvasement, opération longue, hasardeuse et onéreuse, lors même qu'elle est suivie du succès.

Une troisième ruche a semblé long-temps rivaliser d'avantages avec les deux autres. C'est la ruche de *Gélieu.* Inventée pour faire des essaims à volonté, la facilité de son usage lui a fait partout des partisans ; mais si le crédit est dû au succès, on peut dire qu'aucune ruche ne le mérite moins qu'elle ; et si après l'avoir essayée, quelques personnes en continuent l'usage, ce n'est que par l'opiniâtreté d'un espoir qui ne se lasse point d'être toujours déçu.

La culture des abeilles réclamait une méthode qui réunît les avantages promis par les trois sortes de ruches dont je viens de parler, et qui ne donnât pas des espérances pour des réalités.

Je ne citerai pas comme avantage la faculté de s'emparer d'une partie des provisions que contient une ruche sans détruire les abeilles : c'est un point qu'emporte avec soi l'idée seule de se livrer à l'éducation de ces insectes ; car élever des abeilles, ce n'est pas les détruire, mais les conserver, les faire multiplier et prospérer.

Récolter un miel parfaitement pur et frais, déposé dans une cire blanche et fraîche qui n'a jamais renfermé ni couvain ni pollen, comme on le fait avec la ruche villageoise, faire des récoltes particulières de vieille cire qui renouvellent les constructions et entretiennent les ruches dans une éternelle jeunesse, former commodément des essaims artificiels, voilà des avantages du plus grand intérêt, on pourrait dire les points fondamentaux de la culture des abeilles. Et lorsqu'on se les procure par l'usage d'une méthode au moyen de laquelle les récoltes du miel, bornées au superflu des abeilles, se trouvent naturellement mesurées à l'abondance du climat, de la saison, de l'année, à la force de la ruche et à l'activité des abeilles, toujours déterminée par la fécondité de leurs reines ; lorsqu'on y joint la commodité d'occuper les abeilles pendant toute la belle saison, et d'utiliser ainsi leur activité naturelle ; celle de récolter le miel sans couper les rayons par le fil de fer ; celle de s'opposer aux ravages de la fausse teigne ; celle de nourrir les essaims tardifs ou les ruches nécessiteuses et une foule d'autres commodités d'une importance moins majeure ; une pareille méthode doit être favorablement accueillie des cultivateurs d'abeilles , dont elle remplit les principales vues. Et telle est en effet la cumulation d'avantages que je ne crains pas d'annoncer à ceux qui essayeront ma méthode.

Ainsi, avec la ruche à hausses , telle qu'elle a été employée jusqu'aujourd'hui, on renouvelle la cire; mais le miel est récolté dans les plus vieux rayons de la ruche. La ruche villageoise procure un miel pur , mais la cire ne s'y renouvelle pas : la ruche de *Gélieu* , qui ne jouit d'aucun de ces avantages , *promet* des essaims artificiels. Je propose une méthode qui , en même temps qu'elle procure un miel pur , permet le renouvellement de la vieille cire et se prête à une formation simple et facile d'essaims artificiels.

Ce n'est pas ici un ouvrage d'observations nouvelles sur l'histoire naturelle des abeilles ; le titre seul l'annonce : c'est une méthode pratique, basée sur la connaissance que nous avons aujourd'hui de ces insectes. Ce n'est point un ouvrage scientifique où j'ai cherché à étaler les ornemens du style : vérité , clarté et simplicité , voilà les fanaux qui ont guidé ma plume. Aussi je n'adresse pas mon travail aux beaux-esprits qui, le plus souvent , jugent du mérite des systèmes par le vernis de la diction ; mais je l'adresse surtout aux gens de la campagne, à qui , pour l'ordinaire , la vérité suffit , quel que soit son langage.

J'ose croire qu'il leur sera utile , s'ils peuvent se
déterminer, je ne dis pas à vaincre l'attachement
qu'ils ont pour leurs anciennes méthodes, mais
à soumettre la mienne au plus petit essai ; bien
assuré que le succès les convaincra mieux que
tous les raisonnemens de la plus saine logique.

Je n'ai point compilé ici toutes les instructions
dont la plupart des auteurs, qui ont écrit sur la
matière, ont surchargé leurs méthodes ; je me
suis borné à ce dont il était nécessaire que le
cultivateur d'abeilles eût connaissance pour le
guider dans sa pratique ; supprimant tout ce qui
me semblait peu important ou généralement connu,
et préférant qu'on fît à mon ouvrage le reproche
d'être incomplet, plutôt que celui de n'être qu'un
ramas d'instructions bannales. On ne doit cependant pas s'attendre à ne trouver dans cet écrit
que des procédés absolument neufs ; il n'en est
peut-être pas un seul dont je n'aie puisé l'idée
dans quelques-uns des livres nombreux qui ont
paru sur les abeilles ; mais celui-là aussi est inventeur, qui perfectionne les inventions des autres;
et peut-être trouvera-t-on que j'ai fait un travail
utile en réunissant les avantages isolés de tous
les procédés connus , et en prévenant leurs inconvéniens.

Cet ouvrage est divisé en trois parties ; la première est consacrée à un développement som-

naire de ce qui se passe dans la monarchie des
beilles, ou à quelques notions sur l'histoire naturelle de cet insecte. Dans la deuxième partie ,
e m'occupe des ruchers , des diverses sortes de
ruches , de la ruche française et de la manière de
s'en servir ; et dans la troisième partie , je traite
de la manipulation du miel , de la préparation de
la cire et des avantages qu'on peut retirer de la
culture des abeilles.

PREMIÈRE PARTIE.

CHAPITRE UNIQUE.

DES ABEILLES.

Il y a quatre espèces d'abeilles, dont la plus commune et la meilleure est celle qu'on nomme *petite hollandaise* ou *petite flammande*.

§. I.er

Différens genres d'Abeilles.

Il n'y a dans une ruche que des abeilles de deux genres, mâles et femelles ; quoiqu'il y en ait de trois sortes, la *reine*, les *faux-bourdons* et les *ouvrières*.

La *reine* est la seule vraie femelle qui soit dans une ruche : son unique emploi est de pondre toute l'année, excepté pendant les trois mois de l'hiver ; sa ponte peut être évaluée à 60 ou 80 mille œufs par an. Elle ne sort de la ruche que pour s'accoupler en l'air avec les mâles ou faux-bourdons, peu de jours après sa naissance ; un seul accouplement suffit pour la rendre féconde toute sa vie ; et ce qui est vraiment remarquable, c'est que si elle ne s'accouple que vingt jours après sa naissance, elle ne pond plus que des œufs de faux-bourdons. Elle commence à pondre deux jours après l'accouplement. Elle ne travaille point; elle a les ailes fort courtes et la partie postérieure du corps beaucoup plus alongée que les abeilles ouvrières. Sa couleur est d'un rouge-brun doré et beaucoup plus vive que celle des autres abeilles.

Elle est armée d'un fort aiguillon, dont elle se sert pour combattre ses rivales; car les reines ont entr'elles une aversion qui les porte à se détruire jusqu'à ce qu'il n'en reste qu'une seule dans une ruche.

Les *faux-bourdons* sont les mâles de l'espèce. Ils sont plus gros que les abeilles ouvrières et moins longs que la reine; leur nombre varie de quatre cents à deux mille dans une ruche; ils naissent sur la fin d'avril, en mai ou juin, ne travaillent point, et sont massacrés par les ouvrières en juillet ou dans le mois d'août, après la saison des essaims, et lorsque toutes les jeunes reines ont été fécondées.

Les *ouvrières* composent le reste de la population d'une ruche; leur nombre est de douze à trente mille et s'élève quelquefois plus haut. Elles ont les organes du sexe féminin, mais non développés et inhabiles à la génération. C'est sur elles que roule tout le travail : aussi sont-elles pourvues d'un estomac propre à élaborer la cire d'où elles la dégorgent en bouillie pour l'employer; d'une bouteille ou vessie dans le corps où elles emmagasinent le miel qu'elles viennent dégorger dans la ruche ; de cuillers ou pochettes aux deux pates postérieures , où elles mettent les pelottes de *pollen* qu'elles apportent à la ruche; de dents qui leur servent à polir les constructions brutes de cire ; d'une trompe avec laquelle elles aspirent le miel dont elles remplissent leur petite bouteille ; de poils sur tout le corps , qui retiennent la poussière des fleurs dans lesquelles elles se roulent , et de brosses aux pates pour la ramasser en se brossant.

§. I I.

Matières qui sont dans une ruche.

Les matières que l'on trouve dans une ruche sont : la propolis , la cire , le pollen et le miel.

La *propolis* est une espèce de résine que les abeilles vont cueillir , selon toute apparence , sur les jeunes pousses de certains arbres , enduits d'une substance visqueuse , comme le peuplier. Elles emploient cette matière à luter leurs ruches , à boucher toutes les jointures , à combler es inégalités et à embaumer les cadavres des nnemis qu'elles ont poignardés dans la ruche et qui sont trop lourds pour être portés au dehors.

La *cire* est une huile oxidée avec laquelle les beilles construisent les édifices de leur ruche. Elle paraît provenir du pollen des fleurs élaboré ans leur estomac. Elles la dégorgent en bouillie t en bâtissent leurs *rayons*, qu'on appelle aussi ráteaux ou *couteaux* (1). Ces rayons sont des masses de cire d'une longueur et d'une largeur proportionnées à la forme de la ruche, et ordi- airement d'une épaisseur de deux centimètres et emi (11 lignes), attachées au sommet de la uche, et descendant dans un plan vertical sur e siége jusqu'à une distance d'un centimètre (4 ignes) de ce siége, dans leur plus long prolon- ement. Ces masses apparentes sont criblées à eurs deux faces d'une immense quantité de trous iommés *alvéoles* ou *cellules*, formant des hexa- dres séparés les uns des autres par des cloisons nfiniment minces, dont chacune sert de côté à eux alvéoles à la fois. Leurs fonds sont pyrami- daux et composés chacun de trois losanges qui

---

(1) Ces trois mots ne sont cependant pas tout-à-fait ynonymes. On nomme plus volontiers *couteaux* la partie e cire qui renferme le miel ; *gâteaux* celle où il y a u couvain, et *rayons* est la dénomination commune.

sont communs aux fonds de trois alvéoles opposés. Ces alvéoles, au lieu d'être horisontaux, ont les cotés un peu relevés pour empêcher l'écoulement du miel qui y est déposé.

Ces alvéoles servent de berceau au couvain, puis de magasins pour déposer le miel. Les alvéoles qui contiennent du couvain sont, lorsque le ver a acquis toute sa taille, fermés de couvercles en cire, *bombés*, et ceux qui renferment du miel sont fermés de couvercles *plats* ; c'est principalement à cela qu'on les distingue. Les rayons de cire sont blancs lorsqu'ils sont nouvellement construits; ils jaunissent la deuxième année, deviennent noirs l'année suivante, et se gâtent dans la suite.

Le *pollen* est la poussière que les abeilles récoltent sur les fleurs : pour cela elles entrent dans la fleur, pour sucer le nectar qu'elle distille dans son sein. La poussière des étamines s'attache aux poils de leur corps, qu'elles brossent ensuite avec leurs pates ; et elles déposent ce qu'elles en tirent dans les palettes de leurs jambes postérieures où elles forment de petites boules qu'on leur voit apporter à la ruche. Quelquefois même elles y arrivent avant de s'être brossées, et toutes couvertes de cette poussière.

Ce pollen qu'on croit aussi être la matière première de la cire, est la nourriture du couvain ; les abeilles le mélangent avec du miel pour en faire üne sorte de pâtée. Cette récolte occupe la majeure partie des ouvrières dans la grande ponte de la reine qui a lieu en avril et mai ; et l'on peut juger de la consommation qui s'en fait, par le nombre de celles qui en apportent dans un jour. On a vu de fortes ruches prendre quatre livres de poids dans un jour, et perdre une bonne demi-livre pendant la nuit ; ce poids provenait en grande partie du pollen, et diminuait par la consommation qu'en faisait le couvain.

On est donc assuré qu'il y a du couvain dans une ruche, quand on voit les abeilles apporter à leurs jambes du pollen, et réciproquement ; il n'y a point de couvain, quand elles n'en apportent pas.

Le *miel* est une substance sirupeuse, sucrée, fermentescible et très-spiritueuse, que les abeilles recueillent dans le sein des fleurs et sur les feuilles de certains arbres qui, dans les temps chauds, se couvrent par transudation, d'une espèce de *manne*.

Le temps de la récolte du miel commence en mai ou juin, et se prolonge jusqu'en automne dans les pays où l'on sème du sarrasin. On voit alors les abeilles entrer et sortir de leur ruche avec une vivacité extrême. Le couvain qui n'est plus qu'en petit nombre ne les occupe plus autant, et il n'y a que quelques ouvrières employées à apporter du pollen. Mais celles qu'on voit entrer sans pollen ne viennent point à vide et sont chargées intérieurement de miel qu'elles vont dégorger dans les cellules , pour retourner promptement à un nouveau voyage.

On retire d'une ruche un bien plus grand poids de miel que de cire. 28 à 3o livres de miel sont contenues dans des gâteaux d'une livre de cire.

Le plus beau et le meilleur de tous les miels est celui qui est récolté sur les plantes aromatiques , telles que le romarin , le thym, le serpolet, etc. Le plus beau ensuite est celui que produit le sainfoin ou esparcette. En troisième ordre de qualité , viennent les miels des pays à forêts et à prairies. En quatrième , celui des pays à blés, qui produisent peu ; et le plus mauvais est celui que les abeilles tirent du sarrasin ; mais il en produit beaucoup et la cire en est plus estimée. Celui qu'elles recueillent de la lavande et de l'hysope a une teinte verdâtre et un bon goût.

Il y a quelquefois dans les coûteaux qui renferment du miel , des alvéoles remplis d'une matière rouge , d'un goût insipide , que quelques auteurs ont regardée comme une maladie des abeilles, qu'ils ont appelée *rougeole* ; mais cette matière n'est autre chose que du pollen mis en réserve par la prévoyance des abeilles pour nourrir le couvain précoce avant l'apparition des fleurs.

Le miel est toujours dans la partie supérieure des rayons ; le couvain dans le milieu , et le bas est ordinairement vide ; cependant chez les essaims la reine remplit de couvain les alvéoles à mesure qu'ils sont construits, c'est-à-dire d'abord dans la partie supérieure : mais après la sortie de ce couvain, ces alvéoles sont remplis de miel. En approchant de l'automne, la quantité de couvain diminue dans les ruches, et alors les abeilles remplissent de miel les deux tiers de leurs rayons ou même d'avantage, si l'abondance le permet.

§. I I I.

Couvain.

La reine pond toute l'année, si ce n'est depuis le mois de novembre jusqu'en février. Elle ne pond que des œufs de deux genres ; ceux du sexe masculin pour produire des faux-bourdons, et ceux du sexe féminin qui produisent ou des ouvrières ou des reines, suivant la capacité de l'alvéole où ils sont déposés, et peut-être aussi suivant l'espèce et l'abondance de nourriture qu'on donne aux vers qui en naissent.

Les œufs destinés à produire des faux-bourdons sont déposés par la reine, dans des alvéoles plus grands que ceux où elle dépose les œufs d'ouvrières ; et ceux-ci, lorsqu'ils sont destinés à produire des reines, sont déposés dans des alvéoles extrêmement vastes , construits sur le bord des gâteaux , dans une situation verticale , de manière que l'ouverture soit en bas.

De l'œuf presqu'imperceptible qui est placé dans le fond d'un alvéole, éclot, peu de jours après, un petit ver blanc auquel les ouvrières apportent de la nourriture d'abord en petite quantité, puis elles l'augmentent suivant l'âge du ver. En cinq à six jours il acquiert toute sa grosseur, époque à laquelle les abeilles cessent de lui donner de la nourriture. Alors il se file une coque; les abeilles couvrent son alvéole d'un convercle de cire et le laissent se métamorphoser en nymphe, puis en mouche : celle-ci brise alors son enveloppe, et à force d'efforts s'échappe de sa prison, sans qu'aucune ouvrière l'aide jamais dans cette opération où elle succombe quelquefois. Aussitôt après sa naissance, les ouvrières la lèchent, lui offrent du miel avec leur trompe et bientôt elle s'essaye et se met à l'ouvrage.

Les jeunes reines ne sont que seize jours à naître, les ouvrières trois semaines et les faux-bourdons près d'un mois. Les abeilles démolissent les cellules royales aussitôt que les jeunes reines en sont sorties.

Les reines ne font ordinairement qu'une ponte de mâles ou faux-bourdons tous les ans. Cette ponte de mâles a lieu au printems, à la suite de la grande ponte d'ouvrières , et dure quelquefois plus de quinze jours sans interruption , et quelques jours encore avec des alternatives d'œufs mâles et femelles. Cependant les reines très-fécondes , en font deux ou trois, à quatre ou cinq semaines d'intervalle. Mais les pontes secondaires sont moins considérables et d'une moins longue durée que la première. Les jeunes reines ne font , pour l'ordinaire , leur première ponte de mâles ou faux-bourdons, que onze mois environ après leur naissance. Néanmoins celles qui sont très-fécondes, pondent des mâles huit à dix semaines après leur naissance.

On ne saurait imaginer la tendresse avec laquelle les ouvrières soignent le couvain dont le nombre fait la prospérité et la force de la ruche , et qui doit partager avec elles tous les travaux. Pour le faire éclore et pour l'élever, elles ont l'attention d'entretenir dans la ruche une chaleur toujours égale, soit en se portant en masse dans les parties où cette chaleur a besoin d'être excitée , soit en quittant la ruche lorsque la chaleur est trop forte , ou même en disposant à l'entrée un nombre quelconque d'entr'elles qui font l'office de ventilateurs, et qui , par l'agitation de leurs ailes , donnent plus de courant à l'air qui s'y introduit.

§. I V.

Essaims.

LORSQU'UNE ruche, déjà forte, se trouve augmentée par la ponte que la reine a faite en mars et avril, la population devient bientôt trop considérable pour pouvoir contenir dans la ruche : les abeilles alors, à la vue des cellules de faux-bourdons occupées, se déterminent à construire sur le bord des gâteaux, quelques vastes cellules verticales où la reine pond un œuf d'ouvrière ou plutôt un œuf femelle. Les abeilles donnent aux vers qui y éclosent d'amples provisions de nourriture. Lorsque ces cellules sont fermées par le couvercle de cire, la reine semble concevoir une aversion extrême contre les individus qu'elles renferment; elle s'agite, court avec transport dans tous les coins de la ruche où elle rencontre partout des cellules royales dont la vue accroît son agitation. Cette inquiétude se communique bientôt aux abeilles qui s'agitent à leur tour, font monter la chaleur à plus de 32 degrés, et se précipitent hors de la ruche suivies de leur reine : et voilà comment se forme le premier essaim.

Après le départ de cet essaim, qui a lieu dans le moment où la moitié des abeilles sont en campagne, la ruche se trouve encore bien forte , soit par le retour des absentes , soit par le nombreux couvain qui éclot tous les jours. La première jeune reine qui sort de sa cellule, devient alors la souveraine. Son premier soin est de se jeter sur les cellules royales, pour immoler les nymphes qu'elles renferment , à sa jalousie et à son aversion ; mais elles sont gardées par les ouvrières , qui n'ayant encore aucun attachement pour cette reine qui est vierge, la repoussent et s'opposent à sa fureur. Celle-ci s'irrite , s'inquiète , parcourt la ruche dans des transports qui se communiquent aux abeilles. La chaleur qu'elles excitent par leur agitation leur devient insuportable , et , suivies de la reine, elles se précipitent hors de la ruche comme la première fois.

Le même manège se répète jusqu'à ce que la ruche , trop affaiblie par plusieurs émigrations , ne contienne plus assez d'ouvrières pour garder les cellules royales. La première reine qui sort alors , égorge toutes celles qui sont encore dans leur berceau , et la ruche ne donne plus d'essaims. C'est ainsi que M. *Hubert* explique la formation des essaims.

Ordinairement pendant le tumulte qui précède la sortie d'un essaim , de jeunes reines s'échappent de leurs cellules et vont joindre le gros de la colonie. C'est pourquoi presque toujours dans les essaims secondaires, il se trouve plusieurs reines ; mais aussitôt que l'essaim est fixé dans une ruche, ces reines se livrent des combats à outrance, jusqu'à ce que l'empire reste à la plus heureuse ; car jamais il n'y a qu'une seule reine dans une ruche, et s'il s'en trouve deux ou plusieurs, les abeilles cessent leurs travaux, les environnent d'une enceinte formidable, et les contraignent à se livrer des combats singuliers, dont le résultat ne laisse qu'une seule reine.

Deux ou trois jours après qu'un essaim, conduit par une jeune reine, est établi dans une ruche, la jeune reine sort pour s'accoupler, et commence sa ponte quarante-six heures après l'accouplement.

Il n'y a point d'indices sûrs de la sortie des essaims ; cependant on a lieu d'en attendre d'une ruche lorsqu'elle est pleine de constructions et bien peuplée, et lorsqu'il s'y trouve des faux-bourdons. Car une ruche, quelque forte qu'elle soit, n'essaime jamais avant la naissance des faux-bourdons. Le signe précurseur de la sortie des seconds essaims est un chant aigu, très-distinct, de quelques secondes et à différentes reprises, qu'on entend dans la ruche le soir ou le matin. C'est le cri des jeunes reines retenues captives dans leurs cellules.

Les ruches produisent des essaims depuis le mois d'avril jusques dans le mois de juillet et même d'août pour les pays où les fleurs sont abondantes et où l'on sème du sarrasin. Le nombre des essaims que donne une ruche, varie de un à cinq ou six ; mais on ne doit pas désirer d'en avoir plus de deux ou trois. Un trop grand nombre épuise la ruche, et les essaims qui en proviennent étant faibles, ne prospèrent point, et loin de rendre du produit, ils occasionnent des dépenses de nourriture pour l'hiver.

Les essaims sortent depuis sept heures du matin, jusqu'à trois ou quatre heures de l'après-midi.

§. V.

Théorie des Essaims artificiels.

J'AI déjà dit que la reine ne pondait des œufs que de deux genres, mâles et femelles, et que l'œuf femelle produisait ou une ouvrière ou une reine, suivant la capacité du berceau où le ver était élevé. M. *Hubert* a même démontré que dans ce dernier cas le ver était nourri d'une pâtée différente.

L'ouvrière a effectivement les organes du sexe féminin ; apparemment que l'étroite prison où elle a été élevée n'a pas permis que ces organes prissent tout le développement qui pût la rendre propre à la génération et en faire une reine, seule vraie femelle. Mais ce complément d'organisation refusé aux parties de la génération, profite au développement des organes du travail dont sont privés les reines et les mâles.

Si donc les abeilles d'une ruche perdent leur reine et qu'elles aient du jeune couvain d'ouvrières, elles choisissent une demi-douzaine ou davantage de jeunes vers de deux ou trois jours au plus ; elles agrandissent leurs cellules au dépens de celles qui les avoisinent et même du couvain qu'elles peuvent renfermer ; elles tournent ces cellules dans une situation verticale , couvrent les jeunes vers d'une abondante provision de gelée; et quand ils ont pris leur accroissement , elles ferment leurs cellules pour les laisser subir leurs métamorphoses.

La première jeune reine qui sort de sa cellule, ne manque pas de se jeter sur celles qui renferment ses rivales et de les poignarder. Les abeilles qui n'avaient d'autre but que de se procurer une reine, ne s'y opposent point comme dans le cas des essaims naturels.

Ainsi , pour faire un essaim artificiel , il faut enlever une partie des abeilles avec la reine pour en former l'essaim , et faire ensorte que celles qui restent, aient de jeunes vers d'ouvrières dont elles puissent faire une reine.

Mais une règle indispensable à suivre, et que jusqu'à présent les opérateurs des essaims artificiels ont le plus souvent négligée , c'est de ne jamais ex-

raire un essaim d'une ruche avant d'en avoir vu
ortir des faux-bourdons ; non que, n'y ayant pas
ncore de faux-bourdons, on ait à craindre que la
eune reine qui naîtra de la formation de l'essaim,
e soit pas fécondée dans la quinzaine de sa nais-
ance, et que pour cette cause elle ne ponde que
les mâles ; il suffit, pour être fécondée, qu'il y ait
les mâles dans quelques autres ruches : j'en ai fait
expérience. Mais la pratique de la règle que je
rescris, a pour effet de laisser aux abeilles privées
e leur reine, du couvain d'ouvrières assez jeune
our en faire des reines. En effet, il faut se rap-
eler qu'au temps de la grande ponte des reines,
ui a lieu en avril et mai, après avoir pondu une
mmense quantité d'œufs d'ouvrières, elles com-
nencent une ponte d'œufs de mâles, qui dure
ouvent une vingtaine de jours sans interruption,
t dix autres jours avec des alternatives d'œufs de
nâles et d'œufs d'ouvrières. Si l'on séparait les
beilles dans le cours de cette ponte, celles privées
e la reine ne pourraient s'en faire une, quoiqu'avec tout le couvain de la ruche, et l'opéra-
ion serait manquée ; au lieu qu'en attendant la
naissance des faux-bourdons qui sont près de trente
ours à éclore, on est assuré que la ponte en est
chevée, et que la reine en a recommencé une
l'ouvrières.

C'est à cette inattention que l'on doit tant

d'échecs dans les tentatives d'essaims artificiels ; d'autant plus que, croyant les rendre plus avantageux, on les fait presque toujours trop tôt. Le vrai moment de les faire, c'est six ou huit jours après l'apparition des faux-bourdons. Il est même rare alors que les abeilles soient obligées d'agrandir des cellules d'ouvrières pour donner aux vers qu'elles contiennent l'éducation royale. Car d'après des observations réitérées, il m'a paru que quelque faible que soit une ruche, et soit qu'elle veuille ou non essaimer, la vue des cellules de faux-bourdons occupées, détermine toujours les ouvrières à construire des cellules royales où la reine dépose des œufs, et dont elle détruit ensuite les nymphes si la ruche n'essaime pas ; soit parce qu'elle est trop peu peuplée pour se diviser, soit parce que les mauvais temps se sont opposés à l'émigration de la reine-mère, soit parce que la saison est trop avancée ou l'année trop peu abondante.

On voit que quand on a extrait d'une ruche un essaim artificiel, les abeilles qui restent ne s'attachent plus qu'à remplacer par une seule reine, celle qu'on leur a enlevée, et ne s'opposent point à ce que la première née immole ses cadettes. De là il arrive que cette ruche ne donne point d'autre essaim, à moins qu'on ne lui en fasse produire un second artificiel lorsqu'elle est assez forte.

Les essaims artificiels ont donc cet avantage ;
qu'ils empêchent les ruches de trop essaimer ;
qu'ayant formé un essaim artificiel sur une
ruche, elle n'essaimera plus dans la même année
qu'à volonté et artificiellement ; ce qui est infiniment commode et évite une surveillance pénible
pendant le temps des essaims, c'est-à-dire depuis
huit heures du matin jusqu'à trois heures après-
midi, et cela tous les jours depuis la fin d'avril
jusqu'à la fin de juin, et souvent plus tard.

Mais ils présentent encore d'autres avantages :
1.° on ne perdra pas la plus grande partie des meil-
leurs essaims qui s'échappent souvent au loin quand
ils sortent naturellement ; 2.° on force les ruches
fortes qui n'auraient pas essaimé naturellement,
à essaimer malgré elles, ce qui multiplie singulièrement les produits ; 3.° comme ces essaims se
trouvent tout de suite avec des provisions de tout
genre, et une reine qui est dans le fort de sa
ponte, ils ont une avance considérable sur les
essaims naturels ; avance telle, qu'au bout de
trois semaines ils sont souvent dans le cas de
donner eux-mêmes un bon essaim ; ce qu'on ne
pourrait exiger d'un essaim naturel, sans l'exposer
à périr.

Et qu'on n'objecte point ici la nature. Car,
1.° la commodité et les avantages incontestables
qu'offrent les essaims artificiels, répondent à

toutes les objections ; 2.° ce n'est pas contrarier la nature que de la prévenir ; 3.° ce n'est pas non plus contrarier la nature que de mettre les abeilles dans le cas d'user de la faculté que la nature leur a donnée de remplacer leur reine quand elles s'en trouvent privées.

J'expliquerai, partie 2, §. 14, la manière de former commodément des essaims artificiels avec la *ruche française.*

§. VI.

Ennemis des Abeilles.

Les abeilles ont beaucoup d'ennemis. Certains oiseaux en sont friands ; les moineaux surtout les recherchent dans le temps de leurs nichées. Les rats et les musaraignes s'introduisent l'hiver dans les ruches, par l'entrée lorsqu'elle est assez large, ou percent les ruches en paille et profitent de l'engourdissement des abeilles pour les dévorer ainsi que leurs provisions.

Mais le plus redoutable de leurs ennemis est une petite chenille nommée *fausse-teigne*, provenue d'un œuf déposé par un papillon phalène, dont les ailes sont horizontales et de couleur grisâtre. Ce papillon rode toute la nuit autour des ruchers, et parvient quelquefois, à la faveur des ténèbres, à se glisser dans les ruches faibles qui sont le plus souvent mal gardées. Il dépose ses œufs dans les rayons de cire qui sont dégarnis d'abeilles. La chaleur de la ruche les fait éclore, et il en sort de petites chenilles dont la tête est armée d'écailles à l'épreuve de l'aiguillon des abeilles.

Ces insectes, d'abord presqu'imperceptibles, se nourrissent de la cire qui leur a servi de berceau. En prenant de l'accroissement, ils se filent une enveloppe soyeuse d'abord très-mince, puis de la grosseur d'un canon de plume, pour se faire une retraite. Ces redoutables mineurs, pleins de sécurité au milieu de leurs ennemis, prolongent leurs remparts à mesure qu'ils consomment. Pour manger, ils avancent leur tête armée hors du fourreau qui les cache, et exercent ainsi paisiblement leurs brigandages, en bravant les traits de celles qu'ils dépouillent. A mesure qu'ils grandissent, le ravage s'étend et se multiplie ; le siége de la ruche est couvert de débris de cire hâchée ; le miel coule des alvéoles rongés ; le couvain tombe de son berceau démoli, et les abeilles découragées abandonnent une demeure où elles ne peuvent plus jouir en paix du fruit de leurs travaux.

Ce fléau des abeilles est à redouter presque toute l'année, depuis la naissance de ces papillons qu'on voit paraître en mai et voltiger autour des ruches jusqu'en octobre. Les ruches dont la cire est vieille y sont beaucoup plus sujettes que les autres.

Pour prévenir l'attaque des *fausses-teignes*, il faut faire en sorte de n'avoir que de fortes ruches dont la cire ne soit pas trop vieille. Mais dès qu'une fois elles y sont logées, ce qu'on connaît à leurs excrémens, semblables à de la poudre à canon, répandus avec des rognures de cire sur le siége de la ruche, et encore aux galeries soyeuses qu'on aperçoit au bas des rayons, il faut promptement les expulser ; autrement la ruche serait perdue.

J'indiquerai le moyen d'en purger la *ruche française* lorsqu'elle en est infectée.

§. VII.

Pillage.

On doit voir par tout ce que j'ai dit, qu'une ruche est comme un royaume composé de sujets qui meurent tour-à-tour et sont remplacés par d'autres qui naissent tous les jours. Ainsi, quoique l'abeille ouvrière ne vive guères qu'un an, une ruche n'est jamais vieille en ce qui regarde les individus qui la peuplent ; elle ne vieillit que par ses constructions en cire, qui se gâtent au

out de quelques années ; et si on a le secret de
es enlever , on a toujours des ruches jeunes.
Cependant la reine qui vit plus long-temps que
l'abeille ouvrière , meurt aussi , et sa mort, ordinairement précédée d'un état de caducité qui
interrompt sa ponte, peut causer une grande révolution dans la ruche. Cette révolution n'arrive
point , si la reine meurt en laissant une héritière
encore au berceau dans quelque cellule royale, ou
en laissant du couvain d'ouvrières , assez jeune
pour recevoir l'éducation royale.

Mais ces deux conditions venant à manquer ,
et le trône ne pouvant plus être occupé, la ruche
n'est plus qu'un théâtre de désordre et d'anarchie ;
les travaux cessent tout-à-fait , et les abeilles
voisines ne tardent guère d'accourir au pillage
des provisions. Les assaillantes sont d'abord re-
poussées par les habitantes de la ruche ; mais
les attaques redoublent ; un grand nombre de
mouches périssent, les unes victimes de leur
zèle , les autres de leur audace ; et bientôt les
assiégeantes pénètrent en foule dans la place. On
entend alors dans la ruche et autour, un bour-
donnement extraordinaire. Abeilles , guêpes ,
frélons, tout entre pêle-mêle , et le miel est tout
pillé dans l'espace de quelques heures.

Lorsque les choses en sont à ce point, l'unique

remède est d'enlever promptement la ruche pour profiter de ce qui peut y rester.

Il est possible pourtant d'éviter cet accident. On aperçoit qu'une ruche en est menacée quand on voit les abeilles dans une espèce de découragement ; qu'on ne les voit sortir qu'en très-petit nombre, et qu'on n'en voit aucune apporter du pollen. On doit présumer alors qu'il n'y a point de reine et leur fournir le moyen de s'en procurer une, si la saison le permet. J'indiquerai ce moyen en parlant de ma ruche.

§. VIII.

Maladies des Abeilles.

On ne connaît qu'une maladie à laquelle les abeilles soient sujettes. C'est celle qu'on nomme *dyssenterie.* Elle n'attaque les ruches qu'au printemps ; elle se manifeste par la déjection d'une matière liquide et jaune, que les abeilles laissent tomber malgré elles partout où elles se trouvent, et particulièrement dans la ruche où ces déjections deviennent funestes à celles sur qui elles tombent, en ce qu'elles leur bouchent les organes de la respiration, et font mourir celles même qui ne seraient pas attaquées de la maladie.

Les auteurs donnent différentes causes à cette

maladie. Les uns veulent que ce soit la disette de cire brute que les abeilles ont coutume, selon eux, de mettre en réserve pour se nourrir pendant l'hiver; que cette provision venant à manquer, elles sont forcées de se nourrir de miel qui, étant purgatif, les relâche et leur donne la *dyssenterie*. En conséquence ils assurent que le meilleur remède est de leur donner des gâteaux qui contiennent de cette cire brute.

D'autres prétendent que le trop long emprisonnement des abeilles dans la ruche, les ayant empêchées de se vider, le séjour des matières fécales dans leurs intestins les a ulcérés et leur occasionne la dyssenterie. Ils conseillent pour les guérir de leur donner un sirop composé de miel et vin vieux ou moût de raisin.

Il est certain que ceux qui donnent pour cause de la dyssenterie la nécessité où se sont trouvées les abeilles de manger du miel, raisonnent trop par analogie. Il est démontré pour moi que les abeilles ne se nourrissent pas du pollen qu'elles mettent en réserve; mais qu'il est destiné à former la pâtée du couvain précoce. Si le miel est légèrement purgatif pour nous, rien n'indique qu'il le soit pour les abeilles. Il est certain qu'il est leur nourriture naturelle, et pour peu qu'on ait suivi ces insectes, on sera convaincu que le miel par lui-même ne leur fait jamais de mal.

L'autre cause que l'on fait dériver du séjour
trop prolongé des matières fécales dans les intestins, est plus spécieuse ; mais je ne la crois
pas plus vraie : car on ne remarque pas qu'après
les hivers longs ét l'emprisonnement des abeilles
dans leurs ruches , auquel quelques propriétaires
les assujétissent pendant les premiers temps qu
suivent la fonte des neiges , elles y soient plu
exposées qu'à la suite des hivers courts ; et cett
observation démontre assez que cette maladi
provient d'une autre cause,

S'il faut dire mon avis , je crois que la dyssenterie vient de ce que les abeilles ont mang
du miel déposé dans de la vieille cire qui le gât
et lui donne une très-mauvaise qualité bien ca
pable de produire la maladie dont il s'agit. J
n'ai vu qu'une seule ruche qui en fût atteinte
le vaisseau était d'une seule pièce, et après en
avoir fait sortir les abeilles , je trouvai la cir
très-vieille et les gâteaux qui étaient dans un
sorte de putréfaction, exhalaient une odeur fétide

Si, en donnant à des ruches infectées de cett
maladie, des gâteaux qui contenaient du pollen
on est parvenu à les guérir, cela ne prouve rien
contre mon assertion ; cela prouve au contrair
que les abeilles trouvant dans ces gâteaux un
miel meilleur, ont guéri en discontinuant l'usag
du miel gâté qui les rendait malades. Il en es

e même de l'usage du sirop qui, en remplaçant
a nourriture nuisible des abeilles, a pu les guérir
lu mal que cette nourriture leur avait causé.

Si cette présomption est juste, il en résulte que
e meilleur moyen de prévenir la dyssenterie, est
le renouveler la vieille cire et de bien tenir les
provisions à l'abri de l'humidité ; et que pour en
guérir les ruches attaquées, il faut changer leur
nourriture.

M. *Ducarne de Blangy* parle encore d'une
autre maladie qui est selon lui une espèce de
tournoiement ou de *vertige*, dont quelques
abeilles sont attaquées, particulièrement au printemps. Je n'ai jamais rien observé de semblable,
et ce que M. *Ducarne* prend pour des abeilles
attaquées de *vertige*, pourrait bien n'être autre
chose que de vieilles abeilles, ou le couvain faible
et infirme qu'on voit tomber fréquemment autour
des ruches, et qu'on voit s'agiter quelque temps
et battre des ailes avant de mourir; à moins pourtant qu'il n'y ait certains pays où croissent des
plantes vénéneuses, capables de produire cet effet.

§. I X.

Piqûre des Abeilles, et moyens de s'en garantir.

La reine et les ouvrières sont armées d'un aiguillon placé à l'extrêmité de la partie postérieure

de leur corps. Cet aiguillon est composé de deux
pointes garnies de barbes qui le retiennent fixé
dans la piqûre, et qui empêchent que les abeilles
puissent le retirer, à moins qu'on ne leur donne
le temps de se tourner sur elles-mêmes pour faire
replier ces barbes autour de l'aiguillon. Aussi la
piqûre des abeilles leur coûte le plus souvent la
vie. Obligées de s'échapper promptement après
avoir piqué, elles laissent leur aiguillon dans la
plaie avec leurs intestins. En piquant, les abeilles
versent dans la plaie une petite goutte vénéneuse
qui rend la douleur de la piqûre très-vive et cause
une inflammation qui augmente pendant vingt-
quatre heures.

Pour prévenir la piqûre des abeilles, il faut
quand on les approche, se couvrir le visage d'un
masque en fil de fer, surmonté d'un capuchon de
grosse toile, qui couvre la tête, et dont on engage
les bords sous ses habits, et se couvrir les mains
de gants de grosse laine ; parceque la laine étant
moins compacte que la peau, les abeilles qui y
planteraient leur aiguillon, pourraient facilement
le retirer ; ce qu'elles ne pourraient pas faire dans
des gants de peau.

Mais si l'on rend de fréquentes visites aux
abeilles, et si elles ont l'habitude de voir souvent
du monde près d'elles, elles s'apprivoisent, et ces
précautions deviennent inutiles. On peut même

lors les opérer sans masque , pourvu que l'on agisse avec douceur. A défaut de masque et de gants, on peut se frotter le visage et les mains de vinaigre.

Quand on est piqué par une abeille , il faut promptement arracher l'aiguillon de la piqûre , en prenant garde de ne pas comprimer la petite vessie de venin qui se trouve à sa racine ; on presse ensuite la plaie pour faire sortir la goutte vénéneuse qui y a été dardée par l'abeille , et on humecte la piqûre, d'une goutte d'alcali-volatil, ou d'eau de chaux vive, ou à défaut, d'eau fraîche.

Un moyen infaillible de rendre les abeilles douces lorsqu'on veut les visiter , c'est de les enivrer avec de la fumée et de les étourdir en même temps , en frappant la ruche fortement avec les mains. Leur terreur se manifeste par un bour-donnement extraordinaire , et elles sont alors si paisibles, qu'on peut ouvrir la ruche et la visiter à visage découvert. C'est ce que MM. *Bosc* et *Féburier* appellent , mettre les abeilles en état de *bruissement.*

§. X.

Instinct des Abeilles.

Il n'est pas d'image plus frappante d'une mo-narchie parfaite, que la réunion des abeilles qui composent une ruche. Chez elles la conservation de l'état, est le grand tout auquel chaque individu rapporte son travail. Point d'intérêts privés, point d'égoïsme ; tout est pour le bien public : travaux, dangers, fatigues, tout est pour l'intérêt commun ; chaque sujet s'oublie, se dévoue même , s'il le faut, pour le salut de la patrie.

Sur ce peuple nombreux, règne une souveraine à qui la nature a imprimé les marques extérieures de la royauté ; douée d'une structure plus grande et couverte d'une robe plus éclatante , son port a la majesté de celui d'un monarque fait pour commander. Mais aussi elle est vraiment la mère de ses sujets ; pourvue d'une fécondité prodigieuse , elle est seule et sans cesse occupée à donner des citoyens à l'état : un cortège nombreux ne la quitte point , et quand elle parcourt ses états , les ouvrières devant lesquelles elle passe , quittent leur travail pour accourir sur son passage lui offrir les tributs de leur amour et de leur attachement. Celles-ci brossent et lèchent sa robe brillante , celles-là lui offrent du miel avec leur trompe , et toutes l'accablent de leurs respectueuses caresses.

Si cette souveraine adorée meurt sans successeur, sans espoir d'être remplacée , le pivot sur lequel roulait la machine est détruit ; le désespoir s'empare du peuple , l'harmonie cesse, les travaux sont interrompus, et les voisins rapaces viennent conquérir les provisions abandonnées ou faiblement défendues.

Mais si, à la mort de la reine, la ruche contient des vermisseaux de moins de quatre jours dans des alvéoves d'ouvrières, l'espérance n'abandonne point la famille. Une intelligence vraiment humaine la préserve de sa destruction. Une demi-douzaine de jeunes vers sont choisis pour réparer la perte d'une tête si nécessaire. Leurs alvéoles sont agrandis et tournés verticalement, leur nourriture différente est servie avec prodigalité ; leur destination change, leur sexe se développe, et d'ouvrières qu'ils devaient être, ils deviennent, par le plus admirable des prodiges, autant de reines parfaites.

Si deux reines se disputent l'empire d'une ruche, on ne les voit point armer le peuple pour soutenir leur querelle et protéger leur ambition ; les deux rivales combattent corps à corps. Le peuple n'est cependant point indifférent au spectacle du combat ; il suspend ses travaux, il accourt, il entoure d'une enceinte impénétrable l'arène où sont les deux combattantes, et ferme le passage à celle qui voudrait fuir ; il semble presser et attendre avec impatience l'issue du combat.

La nature a mis dans le cœur de ces fières souveraines une antipathie insurmontable contre leurs rivales. Elles ne peuvent se voir sans se jeter avec fureur les unes sur les autres , et voilà pourquoi la vue seule des cellules qui renferment de 'unes reines , donne tant d'agitation à celle qui les aperçoit ; son aversion contre elles lui rend sa demeure insupportable , et la terreur la porte à sortir d'une habitation où elle peut être à tout moment surprise par une rivale naissante.

C'est ainsi que M. *Hubert* explique l'émigration des essaims. Et cette horreur invincible et respective de la part des reines, est indispensable pour le maintien de l'ordre : car si deux reines habitaient une même ruche , il n'y aurait plus cette unité de but , cette parfaite harmónie qu'on remarque dans la monarchie des abeilles : le peuple ne pourrait suffire aux soins de la postérité nombreuse de ces deux mères fécondes ; il ne resterait plus d'ouvrières pour ramasser les provisions d'hiver , et la ruche périrait.

La vigilance et l'activité de la reine sont extrêmes : et quoiqu'elle ne travaille pas aux constructions, c'est elle qui préside à tous les travaux, qui en distribue les détails, et qui entretient, par sa présence dans la ruche, cet ordre, cet admirable ensemble qu'on ne se lasse pas d'admirer dans le travail des abeilles. Si l'on frappe quelque partie de la ruche, elle y accourt sur-le-champ. Sa fécondité est prodigieuse : on peut évaluer à

60 ou 80 mille le nombre d'œufs qu'elle pond dans une année. C'est cette fécondité qui détermine l'ardeur des ouvrières pour le travail ; et comme toutes les reines ne sont pas également fécondes , c'est cette différence de fécondité qu'on doit regarder comme l'unique cause des différences de population et de produit qu'on remarque entre plusieurs ruches placées dans la même exposition.

Un fait qui doit avoir place parmi ceux qui appartiennent à l'instinct des abeilles , c'est le massacre des mâles ou faux-bourdons après la fécondation des jeunes reines. D'où leur vient cette loi? qui leur en inspire la nécessité , et qui les avertit du moment de l'exécuter ?....

Cette loi ne laisse pas d'avoir quelque chose de dur et de barbare , et elle n'a point d'exemple parmi les autres animaux.

Au jour fixé pour cette exécution , qui dure quelquefois trois ou quatre jours , on voit les ouvrières impitoyables se jeter sur ces parasites désarmés , les poursuivre dans tous les coins de la ruche , les en chasser sans grâce , sans rémission ; eux, plus gros , mais sans aiguillons : elles, plus vives , plus courageuses , suppléent par le nombre à la force ; en vain ils se rapprochent du palais chéri qui les a vus naître et dont ils ne peuvent s'arracher, elles percent les plus opiniâtres du redoutable aiguillon : tout le devant de la ruche est jonché de cadavres.

Cette exécution ne se borne pas à ceux qui sont nés, mais ceux même qui sont à naître, qui sont encore au berceau, sont poignardés sans miséricorde. Vers, chrysalides, nymphes, tout est sacrifié, tout est jeté à la voirie; la proscription s'étend sur tout le sexe.

Cette insensibilité pour tout ce qui ne fait pas le bien de l'état, paraît être naturelle aux abeilles. On leur en voit encore donner des preuves envers les jeunes abeilles qui travaillent à briser le couvercle de leurs cellules pour s'en arracher. Dans cette opération très-laborieuse, on les voit sortir d'abord la tête et le corcelet, et se donner des mouvemens et des peines infinis pour dégager le reste du corps; les plus faibles y succombent; mais jamais les abeilles qui les ont nourries dans leur enfance avec tant de tendresse, ne leur donnent le moindre secours. Le plus léger aide leur procurerait la liberté; mais ces nourrices autrefois si tendres, maintenant dures marâtres, semblent ne pas même prendre garde aux pénibles efforts de ces faibles enfans. Surmontent-ils l'obstacle qui les arrêtait? aussitôt elles s'empressent autour d'eux, les lèchent, les caressent, leur offrent du miel avec leur trompe et les accablent de prévenances. Succombent-ils? elles arrachent les cadavres de leurs prisons et les portent hors de la ruche.

Autre Sparte, cette monarchie détruit tout ce

ui naît faible, infirme, délicat et incapable
e travailler. Le couvain qui n'a pas toute la
igueur d'une bonne constitution, et qui a souffert
u refroidissement de la température, n'est pas
onservé. On les voit porter hors de la ruche des
orps encore palpitans et pleins de vie. Il ne faut
ces fières patriotes, que des sujets vigoureux,
apables d'enrichir l'état par leurs travaux, et non
les sujets impotens pour l'appauvrir.

Les abeilles d'une même ruche vivent entr'elles
ans la meilleure intelligence et se distribuent
es travaux avec une économie admirable. Celles-
i restent dans la ruche pour entretenir par leur
résence le degré de chaleur nécessaire au cou-
ain ; mais elles n'y sont pas oisives : elles cous-
ruisent des gâteaux de cire, ou polissent ceux
bauchés, ou ferment de couvercles bombés les
ers qui ont acquis leur grosseur, ou préparent de la
âtée pour les plus jeunes. D'autres vont butiner
ans la campagne : et parmi celles-là, les unes
ueillent du miel, les autres du pollen, et les
roisièmes de la propolis. Enfin il y en a qui sont
réposées à la garde de la ruche, et qui font
igilante sentinelle à l'entrée. Il est certain qu'elles
e connaissent toutes ; car si une abeille de la
uche revient des champs, elle entre sans obstacle ;
i elle a été mouillée et refroidie par la pluie, ses
ompagnes accourent pour la sécher, la réchauffer ;
nais si une étrangère se présente, elle est aussitôt

saisie par la garde qui la chasse et quelquefois la poignarde.

Le soir , quand tout est rentré , touchez avec un brin de paille la sentinelle la plus avancée ; elle ne se jette pas sur vous , mais elle rentre précipitamment pour sonner l'alarme, et l'on voit à l'instant sortir tout l'avant-poste qui rode et cherche çà et là la cause de l'alerte ; si vous les inquiétez , elles se précipitent sur vous et vous piquent aux dépens de leur vie.

Elles ont dans leur bourdonnement un langage qui n'est point équivoque. L'abeille qui revient paisiblement des champs ne bourdonne pas comme l'abeille qui rode autour de vous et vous menace de son aiguillon.

Du reste rien n'est plus actif , plus laborieux, plus patriote que l'abeille. Dès le soleil levant , elle va butiner à la campagne, se charge, revient à la ruche et retourne pour revenir encore, et ainsi jusqu'au soir. Indifférente à tout autre soin qu'au bien de l'état, elle porte son zèle infatigable jusqu'à l'imprudence ; elle brave quelquefois les mauvais temps pour se livrer à son ardeur pour le travail. La construction de ses édifices est ad-mirable ; le miel qu'elle recueille est exquis ; les soins qu'elle prend de la jeune famille sont tou-chans. A tant de sagesse , tant de prévoyance , tant d'harmonie , qui ne reconnaîtrait **la main** puissante d'un Créateur ?...

DEUXIÈME PARTIE.

RUCHERS ET RUCHES.

~~~~~~~~~~

CHAPITRE PREMIER.

Ruchers.

Après avoir donné quelques notions sur ce qui se passe dans l'intérieur de la ruche, il est temps de s'occuper du point le plus important de la culture des abeilles, c'est-à-dire de la situation dans laquelle on les met pour travailler. Et d'abord parlons du rucher.

On remarque communément que les abeilles font moins bien sous un rucher qu'en plein air. Cette observation devrait déjà par elle seule faire préférer cette dernière façon de les placer, puisqu'outre le plus grand profit, on évite encore la dépense d'un rucher. Mais ce fait n'a rien qui doive surprendre ; il tient à une foule de raisons qui toutes dérivent de la température, et qui jusqu'ici n'ont point été assez senties.

L'influence du chaud ou du froid est extrême sur les abeilles. Le moindre froid les fait périr, quand elles sont isolées ; mais groupées dans l'espace étroit qu'elles ménagent entre leurs constructions, elles peuvent résister à plus de vingt
~~~~~~~~~~

degrés audessous de zéro. Alors, fortement attachées les unes aux autres, elles sont comme immobiles et engourdies et passent de la sorte toute la durée du grand froid, sans rien consommer.

Mais aussi la moindre chaleur les réveille, les disperse, les appelle aux provisions; la moindre chaleur dispose la reine à pondre, excite les abeilles à sortir. Une chaleur plus forte leur en fait une nécessité, afin que le degré de calorique nécessaire au couvain ne s'accroisse pas au point de lui nuire, au point d'incommoder les abeilles même, et de ramollir leurs fragiles édifices.

Si la chaleur est plus forte encore, le travail devient absolument impossible dans l'intérieur de la ruche; les abeilles sortent toutes de leur habitation où l'augmentation de chaleur qu'elles apporteraient par leur présence, achéverait de liquéfier la cire. A peine la reine y demeure-t-elle pour faire ses pontes avec quelques centaines d'ouvrières qui pourvoient aux besoins les plus pressans du couvain; le reste de la population, hors d'état de rien faire dans la ruche, se groupe à l'extérieur ou sous le siége pour jouir de l'ombre, et passe ainsi tous les jours d'été dans une oisiveté forcée.

D'après cela, qu'on se représente un rucher bien fermé de bons murs, derrière et par côtés, et exposé au midi comme ils le sont presque tous. L'hiver,

dans les jours où le ciel est sans nuages, les rayons
du soleil frappent l'intérieur du rucher, se réflé-
chissent, se concentrent dans l'abri de cette cage
murée, comme en un foyer, y excitent une chaleur
sensible qui sort les abeilles de leur engourdissement, et leur donne de l'appétit qu'elles satisfont.

Aussitôt que les froids deviennent moins rigoureux, la même cause produit un effet plus
sensible encore. La reine pond un couvain prématuré qui périt de froid ; les abeilles trompées
par la douceur apparente de la température,
prennent leur essor, rasent la terre couverte de
neige et tombent toutes, saisies par le froid, et
bientôt après par la mort.

L'été, la chaleur devient suffocante pour les
abeilles, quand le soleil darde ses rayons dans
le rucher. Leurs travaux sont presque entièrement
suspendus jusqu'au retour d'une température plus
favorable ; et c'est alors que, forcées de déserter
la ruche, on les voit se grouper sous le siége
et passer ainsi les journées à ne rien faire.

Dans les jours d'automne où le vent du nord
règne, si le temps est beau, la concentration des
rayons du soleil dans le rucher détermine les
abeilles à sortir en foule ; beaucoup sont frappées
d'engourdissement par le froid, et trouvent la mort
loin du foyer de chaleur qu'elles excitent par leur
nombre dans la ruche.

4

Si au contraire , les ruches sont placées en plein air , sous le simple abri d'une robe de paille , toutes ces influences mobiles et perfides de la température ne sont point à craindre pour les abeilles ; elles ne sont point égarées par une apparence trompeuse ; l'air qui les environne n'est point réchauffé dans un récipient clos ; mais ambiant et libre , il est par-tout ce qu'il est à l'entrée de la ruche. Les rayons abrités du soleil n'y pénètrent pas ; ils ne l'échauffent qu'autant qu'ils peuvent échauffer l'atmosphère, et de cette manière l'art ne trompe pas l'instinct.

Ainsi , plus grande consommation pendant l'hiver, perte d'un couvain prématuré, mortalité d'un grand nombre d'abeilles à la sortie de l'hiver et en automne, et suspensions fréquentes des travaux pendant les grandes chaleurs ; voilà les inconvéniens réels qu'offrent les ruchers.

Mais le plus grave de tous, est celui qui résulte de l'oisiveté à laquelle la chaleur contraint les abeilles de se livrer ; ce qui se manifeste par le groupe qu'elles forment aux alentours de la ruche ou sous le siége. C'est ce que les gens de campagne appellent *faire barbe* (1).

----

(1) On ne doit point considérer comme desœuvrées les abeilles qui, dans les temps chauds, prennent leur repos hors de la ruche pendant la nuit , et jusqu'à l'heure du

Cet effet n'a que deux causes , ou l'entière ré-
étion des magasins et le défaut d'espace conve-
ble pour la population , ou l'excessive chaleur
ns la ruche. Les ruches en plein air, couvertes
une robe de paille , ne font jamais barbe que
ns le cas de la première cause ; et alors, en au-
nentant la capacité du vaisseau , l'aglomération
sparaît et on utilise l'activité de tant de milliers
ouvrières. Les ruches placées dans les ruchers ,
 contraire , souvent ne font barbe , qu'à cause
 l'excessive chaleur qui s'y fait sentir ; et en
 cas , c'est vainement qu'on en augmente la
pacité , puisque ces ruches sont quelquefois très-
gères et dépourvues de miel.

Je pourrais citer une multitude de faits confir-
atifs de cette assertion ; mais il me suffit de dire
ue des expériences de comparaison m'ont dé-
ontré que l'excédant de produit des ruches en
lein air , couvertes d'une robe de paille , sur
elles placées dans un rucher , est quelquefois
'un tiers et peut s'élever au-delà dans les années
e grandes chaleurs.

On me taxera sans doute d'exagération ; mais
'après une foule d'observations , je suis autorisé

---

rand travail ; mais celles qui restent groupées toute la
ournée quoique le temps soit beau. C'est sous ce dernier
apport que je les envisage, quand je dis qu'elles *font
arbe.*

à regarder les ruchers murés comme un des fléa
des abeilles. Aussi, les ruches qui y sont placé
périssent-elles en très-grand nombre dans les h
vers qui suivent les étés très-chauds. Les abeill
n'ont pu amasser du miel dans des magasins q
la chaleur rendait inabordables pour elles ;
fréquemment réveillées l'hiver par le soleil auqu
elles sont exposées, elles ont bientôt consomn
leurs modiques provisions, et elles meurent
faim.

Si telles sont les influences nuisibles des ruche
sur les ruches ordinaires, combien plus sensib
encore en serait l'effet sur la ruche que je conseill
dans l'usage de laquelle, comme on le verra,
vide que l'on donne aux abeilles pour leur travai
se place toujours dans la partie supérieure qui e
celle où elles travaillent avec le plus d'ardeur, quan
elles y jouissent d'une douce température, ma
qui devient la plus inhabitable, lorsqu'une chaleu
trop considérable se fait sentir dans la ruche.

Quelques auteurs ont si bien senti ces inco
véniens, qu'ils ont cherché à donner au ruch
une forme qui pût y parer. M. *Dubost*, entr'autre
conseille de placer le rucher en face du midi ave
deux portes ouvertes, l'une au levant et l'autre a
couchant, soit pour le courant de l'air, soit pou
ménager dans le rucher une espèce de corrid
pour le desservir et pouvoir opérer les ruches p

errière. De plus , tout le devant doit pouvoir se
rmer par des volets qui se posent et se glissent
omme ceux du devant d'une boutique , afin de
érober aux abeilles , pendant l'hiver , toute in-
uence du soleil ; enfin , pour l'été , on dispose
u-dessus de chaque étage , des planches placées
n tiroir, qu'on avance sur les ruches pendant
'ardeur du soleil, pour les mettre à l'ombre.

Mais pourquoi tant de machines pour imiter
a nature ? Pourquoi concentrer des rayons de
oleil d'une part et en détruire l'effet de l'autre ,
force d'art ? Démolissez votre rucher , et vous
urez détruit les inconvéniens , et vous n'aurez
lus besoin d'y parer , et vous serez affranchi de
'assujétissante fonction de tirer tous les jours d'été
os planches sur vos ruches , à l'heure où le soleil
r dirigera ses rayons.

On doit donc placer ses ruches dans les allées
'un jardin , d'un verger , dans les avenues d'un
arc , dans les champs clos , à deux mètres au
noins de toute espèce de muraille ; tourner leur
ntrée du côté du levant , et les couvrir d'une robe
le paille.

Si l'on veut absolument un rucher , moins il
era coûteux , meilleur il sera pour les abeilles;
Une demi-douzaine de forts et grands pieux ,
lantés en terre , ou mieux encore de piliers ,
lacés à l'aspect du levant, plus élevés sur le devant ,

de manière que l'écoulement des eaux soit par derrière ; un couvert en paille, et le derrière et les côtés fermés de palissades ou de claies ; voilà le rucher le plus convenable aux abeilles. On planterait devant, des arbres dont le feuillage garantirait les ruches de l'ardeur du soleil.

Je dis qu'il faut donner aux ruchers et en général aux ruches, l'exposition du levant, quoique presque tous les auteurs conseillent le midi, parce que j'ai observé que les influences nuisibles de la chaleur dans un rucher, sont bien moins considérables lorsqu'il regarde le levant, que lorsqu'il regarde le midi ; et que d'ailleurs les abeilles dont l'entrée d'une ruche est tournée vers l'aube matinale, vont en campagne l'été de bien meilleure heure que celles qui ont une autre exposition et qu'elles ont fait déjà quelquefois plusieurs voyages quand les autres songent seulement à sortir, ce qui fait un grand avantage.

CHAPITRE II.

Ruches en général.

SECTION PREMIÈRE.

Matière des Ruches.

LA manière dont on a généralement disposé les ruches jusqu'ici, c'est-à-dire l'usage des ruchers a fourni l'occasion d'indiquer les matières qui convenaient le mieux pour la construction des ruches qu'on y plaçait. D'après le résultat d'expériences journalières, plusieurs auteurs ont conseillé la paille ou les bois les plus poreux , et en ont donné pour très-mauvaise raison , qu'ils étaient les plus favorables à l'évaporation des exhalaisons humides de la ruche. C'est une erreur des plus grandes de croire que le plus ou le moins de porosité du bois ouvre une issue plus ou moins facile aux vapeurs de la ruche : le liége , le plus poreux des bois , n'est pas plus perméable à la transpiration des vapeurs, que le buis le plus compact.

Il est cependant vrai de dire que les ruches de la substance la plus poreûse , sont en général plus convenables aux abeilles ; et j'ai cru m'apercevoir que , placées sous un rucher , elles travaillaient mieux dans la paille que dans le bois, dans le sapin que dans le chêne ; mais d'où vient cette différence ? des effets divers de la chaleur sur ces différentes matières. On sait que plus un corps est compact , plus il absorbe et retient de calorique quand il est exposé à son action. Ainsi le fer s'échauffe plus à l'ardeur d'un soleil d'été, que le chêne ; celui-ci plus que le sapin , etc. ; en sorte que l'excessive chaleur dont j'ai parlé dans le chapitre précédent , comme cause de la

suspension du travail des abeilles en été, lorsqu'elles sont sous un rucher, exercera une influence plus ou moins grande sur les ruches,
selon qu'elles seront de matière plus ou moins
compacte (1).

Mais placées en plein air et revêtues d'une
robe de paille qui les préserve du soleil et de la
pluie, il n'y aura point de différence notable
entre le produit des ruches de paille, de sapin,
de chêne et même de terre cuite ; parce que là
les travaux ne se rallentissent ou ne s'interrompent
que par défaut de vide. Celles en bois auront même
sur celles en paille, l'avantage de mieux garantir
les abeilles et leurs provisions, de l'humidité
pendant l'hiver.

Malgré l'égalité d'avantages entre les différentes
sortes de bois, pour construire les ruches, lorsqu'on les place en plein air, les bois légers
doivent être choisis de préférence.

SECTION II.

Forme des Ruches.

C'est ici la partie la plus importante de la
culture des abeilles et celle d'où dépendent tout

––––––––––––––––––––

(1) Les ruches de l'abbé *Della Rocca*, faites en
terre cuite et encastrées dans un mur exposé au soleil,

profit et tous les agrémens qu'on peut s'en
omettre. En vain on voudra avoir des abeilles
leur donner tous les soins que méritent ces
mirables insectes ; en vain on sera placé dans
pays le plus favorable , le plus fécond en beau
iel ; en vain les abeilles enrichiront leurs ruches
s trésors de la campagne ; si on ne peut s'en
mparer sans les faire périr ou qu'avec des diffi-
ltés et des inconvéniens infinis ; si on ne peut
us les faire travailler quand elles ont rempli
premier espace qu'on leur avait donné ; si on
peut renouveler la vieille cire et conserver
nsï les ruches toujours jeunes ; si on ne peut
cueillir le miel le plus pur et le plus frais , et
la sans peine et en s'amusant ; si on ne peut
évenir , par un mode simple et facile de faire
s essaims artificiels , la sortie des essaims na-
rels et leur perte trop ordinaire ; si en un mot
ne peut exécuter avec la plus grande facilité
ites les opérations qu'on est dans le cas de faire
bir aux abeilles , on perdra tout le plaisir et
ut le profit qu'on en peut attendre.

J'ai donc toujours regardé la forme de la ruche
mme le point le plus important de l'éducation

---

ivent être un séjour insupportable aux abeilles pendant
t le cours de l'été.

des abeilles ; et c'est à en perfectionner la construction et la manière de s'en servir , que j'ai donné tous mes soins. J'ai voulu cumuler tous les avantages que j'ai rencontrés dans les diverses ruches inventées jusqu'à ce jour , et parer à tous les incopvéniens. Après les avoir toutes examinées et scrutées séparément , je crois avoir rempli le but auquel tendaient mes efforts.

Voici le problème que je me suis proposé : construire une ruche d'une forme telle qu'on puisse , par une méthode appropriée , 1.º la dépouiller commodément et sans détruire les abeilles ; 2.º la dépouiller en tout temps sans toucher aux gâteaux qui renferment le couvain ; 3.º avoir un guide sûr pour borner les récoltes au superflu de la peuplade ; 4.º donner du vide aux abeilles dans le moment de leur travail , afin qu'elles emploient toute la belle saison à l'ouvrage ; 5.º enlever la cire à mesure qu'elle vieillit ; 6.º recueillir le plus beau miel qui est toujours dans le haut de la ruche , et le recueillir déposé dans des alvéoles purs qui n'ont jamais logé de couvain ; 7.º former commodément des essaims artificiels ; 8.º purger facilement la ruche des teignes qui pourraient y être.

Tels sont les principaux avantages que je me suis proposé de tirer de ma ruche ; mais ils ne sont pas les seuls , et il en est une foule de secondaires qui dérivent , comme on le verra , de sa construction.

Pour faire sentir tous les avantages que j'ai cumulés et tous les inconvéniens auxquels j'ai rémédié ; en un mot , pour démontrer la supériorité de ma ruche sur toutes celles dont on a jusqu'ici conseillé l'usage , je vais examiner rapidement celles qui sont les plus connues et les plus estimées.

Sans parler ici en particulier des ruches de MM. *Palteau* , *Massac* , *Cuinghien* , *Boisjugan* , *Ducarné de Blangy* , *Beaunier* , etc. , qui sont toutes la ruche à *hausses* , avec diverses modifications , ni de celles de *Mahogany* , de *Ravenel* , de l'abbé *Della Rocca* , et une foule d'autres qui ne sont pas usitées, je me bornerai à présenter quelques observations sur la ruche d'une seule pièce , sur celle de MM. *Gélieu* , *Féburier* , *la Bourdonnaye* , *Hubert* ; sur celle à *hausses* et sur celle à *capote*, appelée *villageoise*, qui sont plus accréditées , surtout les deux dernières , dont l'usage est fort répandu.

§. I.er

Ruche d'une seule pièce.

La ruche d'une seule pièce est assurément la plus ancienne et la première employée. La nature

en a donné la forme aux premiers hommes qui
ont voulu s'approprier des abeilles pour jouir de
leurs productions. Ces insectes, logés au milieu
des bois, dans des troncs d'arbres creux, leur ont
offert l'image des retraites qui leur convenaient.

Mais les abeilles, dans la propriété de l'homme,
ne sont plus dans l'état de nature : abandonnées
à elles-mêmes, elles n'ont besoin que des provisions nécessaires pour l'hiver ; tributaires de
l'homme, au contraire, elles doivent, outre leurs
provisions, faire des récoltes pour leur maître ;
et il faut que celui-ci s'en empare sans leur nuire.

Qu'on ne croie pas que l'usage des ruches d'une
seule pièce, soit seul puisé dans la nature ; celui
des ruches composées de plusieurs appartemens,
n'a pas une autre source. Combien d'essaims sau-
vages logés dans des troncs dont le vide, tantôt
évasé, tantôt resserré dans son prolongement,
offre une série d'étages placés les uns sur les
autres ! N'a-t-on pas vu le même essaim fixé dans
de vieux murs ou dans des rochers, remplir de
miel différentes cavités qui ne communiquaient
entr'elles que par de petites ouvertures ?

Ainsi, la nature permet toutes les formes de
logement à ces insectes quand ils travaillent pour
eux seuls ; mais le propriétaire qui veut partager
avec eux, doit choisir celle qui lui offre le plus
de commodité pour lever, sans leur nuire, l'impôt

auquel il les assujettit, et pour leur prêter du secours dans toutes les circonstances qui en exigent.

Ce n'est pas cependant ce que font la plupart.
Trompés par l'apparente indication de la nature,
ils logent leurs essaims dans des troncs d'arbres
creux ou dans des paniers d'osier recouverts de
mortier, dans de grands vases de terre cuite,
dans des ruches en paille qui ont la forme d'une
cloche, ou enfin dans des caisses en bois, des
seaux et tout ce qu'ils rencontrent ; puis les
abandonnant à elles-mêmes, ils ne les revoient
une fois l'an que pour les détruire, ou leur
prendre une partie de leurs provisions avec des
peines infinies.

Mais si cette forme de ruche peut être bonne
pour des abeilles libres et qui n'ont point de dettes
à payer à l'homme, elle est à coup sûr la plus
incommode, et la plus funeste à celles qui
sont dans un état de domesticité.

Le premier vice de ces ruches, est leur invariable capacité. Il arrive presque toujours qu'elles
sont trop vastes pour les premiers temps où l'essaim
y est introduit, et peuvent, la deuxième année,
devenir trop petites.

Si la ruche est trop petite, l'essaim qui l'habite
l'a bientôt remplie de provisions ; au bout d'un
mois ou six semaines, tous les alvéoles dispo-
nibles et non occupés par le couvain, sont pleins

de miel , et la colonie n'ayant plus de vide dans ses magasins , se groupe au dehors de son habitation , et consume presque toute la saison du travail dans l'oisiveté ; ce qui fait une perte immense pour le propriétaire. Il n'est même pas rare alors de voir ces insectes laborieux conduits par leur goût pour le travail , bâtir des rayons de cire sous le siége de leur ruche. Quelle indication pour le propriétaire ! Ne semblent-ils pas demander de nouveaux magasins à remplir? Et quel dommage de ne pas seconder d'aussi avantageuses dispositions !

Si la ruche est trop grande , l'essaim ne prospère point , les provisions ne s'y amassent point et rarement il passe l'hiver. Non que les abeilles se dégoûtent et se découragent à la vue de tant de vide à remplir, comme l'ont pensé bonnement quelques auteurs frappés de la différence de travail entre un essaim placé dans une grande ruche et celui placé dans une petite. Cela tient à une autre cause.

J'ai déja dit que la chaleur est la vie de cet insecte délicat, et qu'un de ses grands soins est d'entretenir dans la ruche une chaleur toujours égale. Plongez à différentes époques un thermomètre dans une ruche , vous le verrez toujours monter au même point , à deux ou trois degrés près. Les abeilles ont la faculté d'entretenir ce

degré toujours égal de chaleur, en se transpor-
tant en masse dans les différens endroits de la
ruche ; on prétend même que la qualité fermentescible du miel mis en dépôt dans les alvéoles,
leur sert à cet usage (1). Ce qu'il y a de certain,
c'est que c'est par cette faculté d'accroître l'intensité
du calorique , que les abeilles qui ne peuvent
isolément résister aux plus légères fraîcheurs ,

---

(1) M. *Dubost* , dans un ouvrage qu'il a publié sur les
abeilles , prétend que le miel ne leur sert que pour se
procurer de la chaleur en l'excitant à la fermentation ,
et nullement pour se nourrir pendant l'hiver. Le résultat
de ses expériences paraîtrait démontrer en effet que le
miel leur est d'un grand secours pour entretenir la chaleur
dans la ruche. Car baignant à la fois deux essaims et
plaçant l'un dans une ruche où il y a du miel en dépôt,
et l'autre dans une ruche où il n'y a que de la cire, il
a remarqué que les abeilles placées dans la ruche où il
y a du miel , se sèchent et reprennent leur vigueur infiniment plus tôt que les autres.

Mais il est allé beaucoup trop loin, et il est certain
que les abeilles mangent le miel. La seule chose qu'on
pourrait induire de ses expériences , c'est qu'il leur sert
à un double usage : les chauffer et les nourrir. Il y a même
une raison matérielle qui doit produire le premier effet ,
c'est que les alvéoles des gâteaux étant remplis, il y a
beaucoup moins de vide entre les constructions , et par
conséquent plus de facilité pour y entretenir ou pour y
exciter la chaleur.

parviennent à surmonter les hivers de la *Norwège* et de la *Suède.*

C'est sur-tout dans le temps de la ponte de la reine et lors de la naissance du couvain, qu'elles redoublent de soins pour maintenir ce degré invariable de chaleur sans lequel les jeunes vers s'engourdissent et meurent. Mais pour pouvoir entretenir cet état, il faut que la ruche soit remplie de gâteaux, entre lesquels les abeilles laissent toujours l'espace invariable d'un centimètre (4 lignes), qui suffit pour la liberté de la circulation, et qui rapproche tellement les individus qui la peuplent, qu'ils peuvent porter ou réduire la chaleur au degré qui leur convient.

Il est aisé de concevoir, d'après cela, que lorsqu'une ruche est trop vaste, le vide qui reste au bas des constructions commencées, laisse un libre accès à l'air atmosphérique et rafraîchit la température qui doit régner sur le couvain ; ce qui en fait beaucoup périr. L'espoir et le soutien de cet état naissant venant à manquer, la ruche ne se peuple pas et les travaux languissent. Moins la ruche est remplie à l'approche de l'hiver, plus les influences de cette saison seront meurtrières pour les abeilles qui l'habitent, et très-souvent elles y succomberont toutes, moins de faim que de froid.

J'ai vu des essaims foibles dont la ruche n'était

pas à moitié pleine de constructions, mourir entre des gâteaux pleins de miel; très-certainement ils étaient morts de froid.

Mais qu'une ruche soit bien remplie de constructions et suffisamment approvisionnée, elle résistera aux froids les plus rigoureux; et même les abeilles y consommeront d'autant moins, que la rigueur du froid leur permettra moins de s'écarter du foyer de chaleur qu'elles excitent en s'aglomérant. Cette inaction n'éveillant pas leur appétit et faisant qu'elles n'éprouvent aucune déperdition, leur consommation sera nulle pendant la durée des grands froids.

Le deuxième vice des ruches d'une seule pièce est la difficulté d'en faire la récolte. Il n'y a que trois manières de la faire ; ou on étouffe les abeilles, ou on enlève une partie des gâteaux, ce qui s'appelle *tailler*, *couper* ou *dégraisser* les ruches ; ou enfin on les fait passer dans un vaisseau vide, ce qui s'appelle *transvaser*.

Quant au premier moyen généralement employé dans beaucoup trop de pays, il n'est pas besoin d'en faire sentir l'abus et les effets désastreux aux gens capables de raisonner. Pour y procéder, on choisit dans ses ruches les plus pesantes et les plus vieilles, on allume du souffre, on pose la ruche dessus et on l'entoure subitement de terre ; par cette opération barbare et peu profi-

table , on étouffe le quart ou le cinquième d
ses ruches ; et c'est en détruisant ces laborieu
insectes , qu'on s'empare de leurs richesses.

La seconde méthode , moins cruelle en app
rence , est tout aussi pernicieuse dans ses r
sultats. C'est , comme dit *Palteau* , une véritab
expédition militaire. Après s'être cuirassé cont
les aiguillons, on enfume la ruche avec une cin
fumante, pour forcer les abeilles à se réfugier da
la partie supérieure; puis on la renverse l'ouvertu
en haut, et alors , avec un couteau fait expr
et plus ou moins d'adresse , on coupe les gâteau
qu'on veut enlever ; l'instrument se porte où so
les abeilles pour détacher les rayons ; on écras
on englue de miel cette malheureuse peuplade
quelquefois même la reine peut se trouver
nombre des victimes. On enlève beaucoup
gâteaux, mais très-peu de miel ; car il est toujour
et surtout le plus beau , dans le dessus de
ruche , où l'on ne peut le prendre , à moins d
craser toutes les abeilles et d'enlever toutes l
constructions.

Cette opération ne peut pas se faire dans
courant de la belle saison , parce qu'alors
couvain est répandu dans toutes les parties de
ruche , et qu'en détruisant le soutien de l'état
les individus qui doivent remplacer les mo
journalières, on détruirait l'état lui-même. Il n'

pas possible non plus de la faire à l'approche de l'hiver ; ce serait ôter les vivres au moment où les abeilles vont en user, et d'ailleurs ce serait permettre une libre entrée dans la ruche, aux froids qui leur sont toujours mortels, et les empêcher d'user des moyens que la nature leur a donnés pour y résister.

Ce n'est donc qu'au printemps que cette taille peut se faire, pour ne pas exposer les ruches aux plus grands dangers de périr; mais à cette époque même, que de désastres résultent de cette opération ! Dès le mois de février, la reine a commencé sa ponte et a déposé dans le fond des alvéoles vides, des œufs d'une petitesse extrème ; en mars où se fait la taille, on enlève dans les gâteaux dont on dépouille la ruche, des milliers de ces œufs d'où devaient naître les premiers essaims. Aussi les ruches auxquelles on fait cette cruelle opération, donnent peu d'essaims et toujours tard ; tandis que des essaims hâtifs produiraient deux fois plus que ceux qui viennent un mois ou même quinze jours après.

Rien n'est donc plus contraire à la multiplication des abeilles et au but que l'on se propose dans leur éducation, que l'habitude de les tailler ; il n'en faudrait pas davantage pour faire proscrire cette opération, et il n'est pas étonnant qu'en la comparant avec celle qui consiste à étouffer une partie des ruches , on soit tenté de préférer cette dernière dans beaucoup de pays. Car en effet, les essaims que produisent les ruches conservées intactes , sont nombreux et précoces.

D'un autre côté , en agrandissant par la taille le vide des ruches, à une époque où les nuits et les matinées sont souvent très-froides , le couvain qui reste après l'opération , ne peut pas être maintenu aussi facilement par les abeilles , à ce degré invariable de chaleur qui lui est indispensable ; et les abeilles en souffrent beaucoup elles-mêmes.

Enfin, si les fleurs tardent à paraître ou que les temps soient mauvais, la disette se fait sentir dans les ruches *taillées* , qui périssent si on ne leur donne des vivres.

Quant au transvasement employé dans certains pays pour récolter les ruches d'une seule pièce , il consiste à faire passer toutes les abeilles dans une ruche vide , soit à l'aide de la fumée , soit en abouchant la ruche vide sur la pleine renversée, et en frappant cette dernière avec les mains ou avec des baguettes , pour forcer la reine et les abeilles à monter dans le vaisseau vide.

On conçoit que par ce procédé , qu'on ne peut mettre en usage que dans le temps du grand travail des abeilles , on perd tout le couvain qui se trouve dans la ruche dont on s'empare, ce qui est un grand mal. Mais d'un autre côté , il arrive souvent que les essaims, ainsi transvasés dans une ruche dénuée de tout, n'y restent point ou qu'ils y périssent de froid et de misère, sinon au moment même, au moins pendant l'hiver.

Quelque défectueuse que soit cette dernière méthode de récolter les ruches d'une seule pièce, ce serait encore celle à laquelle je donnerais la préférence; mais pour la faire avec le moins d'inconvéniens possibles, il est nécessaire que les ruches réunissent quelques conditions ; il faut 1.º qu'elles aient essaimé deux fois et de très-bonne heure, c'est-à-dire que le deuxième essaim soit sorti avant le 12 de juin; 2.º que le transvasement soit fait trois ou quatre jours après la sortie du deuxième essaim.

On conçoit que de cette manière il y aura très-peu de couvain sacrifié, et que les abeilles transvasées auront encore le temps de faire de bonnes provisions dans leur nouvelle ruche.

Il y aura très-peu de couvain sacrifié, parce que n'y ayant point eu de ponte dans la vieille ruche depuis le départ du premier essaim, presque tout le couvain qui s'y trouvait, sera éclos au moment du transvasement, et que le peu qui restera encore au berceau, sera en grande partie du couvain de faux-bourdons, plus long à éclore que l'autre, et inutile à conserver. Par ce moyen, la ruche sera entièrement régénérée ; mais on retirera peu de miel des gâteaux de la vieille ruche.

Ainsi, de quelque manière qu'on s'y prenne avec les ruches d'une seule pièce, la récolte ne peut s'en faire avec commodité et sans de très-grands inconvéniens.

On a cru long-temps que ces ruches n'étaient pas propres à former des essaims artificiels ; mais on a trouvé le moyen de les faire avec autant de facilité que leur forme peut le permettre. Pour cela, au moment du travail des abeilles, où un grand nombre d'entr'elles sont en campagne, on détache, avec le couteau qui sert à la taille, deux gâteaux dans le milieu de la ruche dont on veut extraire un essaim. On assujettit ces gâteaux dans une ruche vide, par le moyen de deux petits bâtons qui entrent avec gêne ; on porte la ruche mère à quelques pas et on met celle-là à la place. Toutes les abeilles qui sont en campagne au moment du déplacement de la ruche mère, rentrent dans celle où l'on a disposé les deux gâteaux, et forment une reine avec le couvain qui s'y trouve. Une partie des abeilles qui sortent le lendemain de la mère ruche, va grossir l'essaim.

Cette méthode de former les essaims, commence à se répandre dans quelques pays où des gens qui courent les campagnes se chargent de les faire moyennant une rétribution. Elle est toute aussi sûre qu'une autre, quand on y procède à temps, c'est-à-dire après la grande ponte des faux-bourdons.

On doit ranger au nombre des inconvéniens de cette ruche, l'impossibilité de s'y procurer du miel pur et frais, déposé dans des alvéoles également frais, qui n'ont jamais logé de couvain ; l'impuissance de renouveler la cire placée dans le haut, qui vieillit, se gâte et finit par dégoûter les abeilles ; la difficulté de les visiter intérieurement pour connaître leur état, celle d'y détruire les fausses-teignes lorsqu'elles s'en sont emparées, celle d'y nourrir les essaims faibles pendant l'hiver. Enfin, qu'on me cite un seul avantage que procure cette forme de ruche, et je passe condamnation sur tous les inconvéniens que je viens de lui reprocher.

§. I I.

Ruche de Gélieu.

M. *Gélieu*, pasteur à Lignières en Suisse, conseille l'usage d'une ruche composée de deux boîtes, chacune de 16 centimètres (un demi-pied) quarré, sur 32 centimètres (un pied) de hauteur, placées à côté l'une de l'autre, de manière qu'elles communiquent par des ouvertures pratiquées dans les côtés qui s'accolent. Les abeilles remplissent de constructions les deux boîtes comme deux ruches séparées ; de telle sorte que chacune contient du

miel dans le dessus, du couvain dans le milieu et
des rayons vides dans le bas.

On vante cette ruche comme très-propre à
former des essaims artificiels, et c'est même pour
cet objet qu'elle a été principalement inventée; mais
je puis certifier qu'elle ne remplit point son but :
tous ceux qui ont cherché à former des essaims
artificiels par son secours, ont rarement réussi ;
je connais, entr'autres, deux particuliers fort en-
tendus dans la culture des abeilles, qui dans l'espace de huit ans, sont parvenus à faire seulement
trois ou quatre essaims sur une douzaine d'essais
par année.

Pour opérer, au mois de mai on sépare les deux
boîtes pleines, pour en faire deux ruches, en leur
accolant à chacune une boîte vide ; la reine qui
est dans une des deux boîtes pleines, forme une
ruche avec les abeilles qui s'y trouvent ; et les
abeilles qui sont dans l'autre boîte sans reine,
sont censées en faire une avec de jeunes vers femelles qu'elles doivent avoir dans leur boîte ; ce
qui fera une autre ruche.

Mais qu'arrive-t-il ? que quelquefois la reine,
après avoir fait sa grande ponte de mâles dans une
des deux boîtes, passe dans l'autre pour y commencer une ponte d'ouvrières, et que, si à cette
époque on sépare les deux boîtes, celle qui n'a
point de reine, est dans l'impossibilité de s'en

procurer une. Que s'il y a du couvain d'ouvrières dans les deux boîtes, la reine se trouve presque toujours dans celle où elle a déposé le plus nouveau couvain; et l'autre boîte contenant du couvain trop âgé pour en former une reine, on fait une opération infructueuse.

Pour réussir, il faut donc absolument saisir le moment où la reine vient de quitter l'une des boîtes où elle a déposé du couvain d'ouvrières, pour passer dans l'autre; ce qu'il est impossible de savoir.

Mais fut-on assez heureux pour saisir ce moment, l'opération est encore très-chanceuse. En effet, on a tenté deux moyens de faire des essaims artificiels avec cette ruche; ou on sépare peu à peu les deux boîtes en les éloignant tous les jours d'un ou deux centimètres; ou on porte sur-le-champ une des boîtes dans une autre partie du rucher. Dans le premier mode, les abeilles soignent le couvain des deux boîtes, tant que celles-ci sont assez rapprochées pour les tenir à proximité de leur reine, et laissent même passer l'âge auquel les jeunes vers seraient propres à recevoir l'éducation royale; et quand l'éloignement devient trop considérable, elles abandonnent le couvain pour rejoindre leur reine.

Dans le second mode, si la boîte que l'on déplace se trouve être celle qui ne contient pas la

reine , toutes les abeilles déserteront pour la r
joindre. Il faut donc, pour espérer quelque succè
emporter la boîte où est la reine ; mais à qu
la reconnaître ?

On pourrait obvier à cette incertitude en do
nant quelques petits coups contre la boîte où l'
voudrait attirer la reine. Et encore ce moyen
très-efficace quand la reine trouve un libre passa
pour se porter dans l'endroit où la percussi
s'est fait sentir, pourrait-il échouer dans ce ca
où , pour passer d'une boîte à l'autre , elle e
obligée d'en parcourir presque tous les gâteaux
de chercher par côté des passages détournés.

On ne peut donc parvenir à former artificie
lement des essaims avec cette ruche , que da
une réunion de circonstances dont le hasard se
peut offrir le concours.

Rien n'est plus facile que la récolte de cet
ruche ; le soir on éloigne de quelques centimètr
les deux boîtes qui la composent, et toutes l
abeilles qui sont dans celle où n'est pas la rein
vont la rejoindre : le lendemain cette boîte
trouve dégarnie d'abeilles et on s'en empare.

On conçoit que cette récolte ne peut se fai
que quand il n'y a plus de couvain dans la ruch
c'est-à-dire dans le mois de novembre ; parce qu
d'une part , les abeilles ne quitteraient point

vite s'il y avait du couvain , et que d'un autre côté, ce serait dommage de le détruire.

Mais il y a encore ici bien des inconvéniens : 1.º le miel que l'on récolte , ayant passé l'été et l'automne dans la ruche où il s'est impreigné des exhalaisons que produit la masse des abeilles, n'est point frais , a un goût fort âcre et se trouve déposé dans de la cire noire qui a souvent plus de deux ans ; ce qui ne contribue pas peu à lui donner une mauvaise qualité ; 2.º si la reine se trouve deux ou trois fois de suite dans la même boîte à l'époque de la récolte , il arrive que la cire de cette boîte ne se renouvelle point, qu'elle contracte une mauvaise odeur et finit par se gâter ou par devenir la proie des fausses-teignes ; 3.º si la ruche est habitée par un fort essaim ou que l'année et le pays soient abondans en miel, cette ruche peut être entièrement pleine dans six semaines ou deux mois ; et non-seulement le propriétaire perdra ainsi tout le fruit d'un travail dont les abeilles ne pourraient heberger le produit ; mais encore à l'automne il enlèvera à une ruche très-peuplée la moitié de ses provisions, lorsque la totalité , fort modique à cause du défaut d'espace , suffirait à peine à ses besoins ; 4.º il est presqu'impossible de détruire les fausses-teignes qui s'y seraient logées , sans perdre la ruche.

§. III.

Ruche à la Bosc.

Au moment où cet ouvrage se livre à la presse, il paraît un nouveau traité sur les abeilles , dans lequel l'auteur, M. *Féburier*, donne sur toutes les ruches connues la préférence à une ruche qu'il appelle *ruche à la Bosc*, et qui n'est autre chose que celle de *Gélieu*, à laquelle il a fait des modifications qui semblent prévenir tous les inconvéniens que je viens de lui reprocher , et qui très-certainement en préviennent une partie.

Cette ruche ne forme point un parallélipipède comme celle de *Gélieu* , mais le devant et le derrière se rapprochent insensiblement, sans cependant se rencontrer , depuis le bas jusqu'à la couverture qui est inclinée en devant pour diriger l'écoulement des vapeurs condensées vers l'entrée de la ruche. Elle est divisée comme celle de *Gélieu*, en deux parties sur la largeur, sans aucune cloison qui les sépare ; de manière que les deux parties réunies forment une ruche en apparence d'une seule pièce. On place dans l'une de ces parties, à un demi-centimètre (2 lignes) du bord, du côté où elles s'unissent , un morceau de rayon qui servira à diriger le travail des abeilles , afin que la division des deux parties se trouvant dans l'intervalle de deux rayons, on puisse séparer les deux pièces sans déchirures, et afin que les autres gâteaux construits parallèlement au premier, n'aient aucune adhérence avec les côtés de la ruche qui sont mobiles et peuvent s'ouvrir à volonté. Le vaisseau est traversé du devant au derrière par plusieurs baguettes, pour soutenir les rayons.

Les inconvéniens que la division des deux boîtes entraîne dans la ruche de *Gélieu*, ne sont point à craindre avec celle-ci ; les deux parties séparables ne font pas deux appartemens distincts, dans lesquels la reine n'alterne sa ponte qu'à des intervalles éloignés ; mais cette ruche ne formant intérieurement qu'une seule pièce susceptible néanmoins d'être partagée, le couvain de tous les âges est nécessairement réparti dans chaque moitié avec une égalité parfaite, et l'on n'a point à redouter avec elle les échecs si justement reprochés à celle de *Gélieu*, dans la formation des essaims artificiels. Je vais même jusqu'à croire qu'il n'est pas possible d'en manquer un seul, lorsqu'on les fait à temps, c'est-à-dire six ou huit jours après la première sortie des faux-bourdons.

Mais la ruche à la *Bosc*, promet-elle un succès et une facilité semblables dans les autres opérations ? Je déclare d'avance que ne l'ayant pas expérimentée, il m'est impossible d'en parler ici

autrement que par des conjectures fondées sur
connaissance de ce qui se passe dans les ruch
M. *Féburier* , qui paraît n'avoir écrit que da
la vue de perfectionner la culture des abeill
et qui déclare franchement n'épouser de systè
que celui de la vérité, me pardonnera sans do
des objections faites dans le même esprit; je ve
parler des inconvéniens que sa ruche semble p
senter dans la récolte , contre laquelle il a bi
pressenti que se dirigeraient les objections.

D'après l'auteur , on ne doit faire de récol
qu'après l'essaimage et avant l'automne. Vo
comme on opère : on enfume la partie par laque
on veut commencer la taille , pour faire passer
abeilles dans l'autre; après quoi on ouvre la ruc
et on ferme momentanément avec une planche
le côté découvert de la partie où sont les abeill
On emporte l'autre dans un endroit clos, et là
coupe les rayons ou parties de rayons qui co
tiennent le miel , avec l'attention de ménag
ceux où est le couvain ; puis on reporte ce
partie à sa place et on opère de même sur l'au
Voici ce que j'objecte :

1.º Si la fumée est en général un moyen
pour écarter les abeilles , elle ne réussit pas
dinairement à les chasser des gâteaux qui co
tiennent du jeune couvain près duquel elles s'o
tinent à rester. Or il y a toujours du couvain da

les deux parties à l'époque où l'on opère ; ce couvain doit, malgré la fumée, fixer près de lui un grand nombre d'abeilles qui embarrassent l'opérateur dans la taille.

2.° Comme on n'enlève que le miel qui est dans la partie supérieure des rayons, et qu'on ménage le couvain qui est au milieu, en coupant les rayons, il dégoutte nécessairement sur les portions inférieures des gâteaux, une grande quantité de miel qui entre dans les alvéoles occupés par le couvain, noie les vers qui s'y trouvent, et englue les abeilles restées dans cette partie.

3.° La récolte ne devant se faire que dans l'intervalle de l'essaimage à l'automne, le couvain abonde alors dans la ruche et se trouve dispersé dans la partie moyenne de tous les gâteaux ; à peine aux approches de l'automne le rayon le plus près des côtés mobiles de la ruche en est-il entièrement dépourvu. On enlèvera avec assez de facilité dans chaque moitié la partie supérieure du rayon du centre et de celui placé immédiatement vers le côté mobile ; mais leurs parties moyenne et inférieure, conservées à cause du couvain, feront obstacle à ce qu'on taille commodément ceux placés derrière eux. Quelquefois, il est vrai, le rayon le plus près du côté mobile se trouvant dégarni de couvain, pourra s'enlever, et alors on prendrait encore aisément la partie supérieure du rayon qui lui est adjacent. Mais dans tous les cas, le milieu de tous ces gâteaux contenant toujours du couvain dans le temps fixé pour la taille, la cire qui y vieillit promptement par la fréquence des pontes, ne peut pas s'y renouveler, ce qui est un très-grand mal ; à moins d'en perdre le couvain, ce qui serait un mal non moins grand ; ou d'en faire la taille à une autre époque que celle déterminée par M. *Féburier* ; ce qui serait toujours un mal, puisque plus tôt, on serait encore exposé à détruire le couvain que la reine aurait déja pû pondre dès le mois de février, et que très-certainement l'essaimage en serait retardé ; que, plus tard, ce serait établir, entre les rayons, des lacunes funestes aux abeilles pendant l'hiver.

4.º La nécessité d'expulser d'abord les abeilles d'une partie de la ruche, de l'emporter, de la tailler en ménageant le couvain, de la replacer, d'y faire passer les abeilles, puis d'opérer à son tour l'autre partie de la même manière, complique, surcharge cette opération, ne la rend praticable que par des mains exercées, et doit lui faire préférer celle qui s'exécute avec la ruche *villageoise* de M. *Lombard*, ou tout autre ruche semblable qu'on récolterait en enlevant simplement une partie du vaisseau, ne contenant que du miel, pour en faire la dépouille à loisir, et en lui en substituant une vide.

Ces inconvéniens, que je ne reproche au reste que par conjectures , n'empêchent pas que cette ruche , peu coûteuse , soit une des meilleures qu'on ait proposées jusqu'à ce jour , par sa commodité et son infaillibilité pour l'essaimage artificiel ; et la pratique judicieuse qu'en conseille M. *Féburier* , fondée sur une saine théorie, ne peut manquer d'améliorer la culture des abeilles.

§. I V.

Ruche de la Bourdonnaye.

M. *Ducouëdic* fit insérer en octobre 1806 , dans le journal d'*Economie rurale et domestique* , un article sur les abeilles , dans lequel il conseille l'usage de la ruche *écossaise* de M. de la *Bourdonnaye* , et présente un calcul si avantageux , qu'il a dû provoquer plusieurs personnes à en faire l'essai. C'est une ruche ou plutôt deux ruches de 32 centimètres (un pied) de diamètre dans toute leur hauteur , qui est de 30 centimètres (onze pouces) pour chacune ; elles sont recouvertes toutes deux d'un plancher en paille , percé sur le devant d'un trou de 4 centimètres (18 lignes) quarrés. Ces deux ruches sont placées l'une sur l'autre , et la supérieure couverte d'une planche que l'on charge d'une pierre. Le premier mai ,

on enlève le panier du dessus et l'on en place
un vide sous celui qui reste ; le premier juin ,
on répète la même opération, en enlevant toujours
le panier du dessus plein de provisions; de même
au premier juillet, au premier août, et au premier
septembre en certain cas. L'hiver on laisse deux
paniers l'un sur l'autre et on leur donne un quarteron ou demi-livre de gros sucre en cas de disette.

Ce procédé , dont je n'ai pas fait l'essai , est
le plus simple que l'on puisse imaginer. M. *Ducouëdic* prétend qu'avec ce moyen on empêche
les ruches d'essaimer, et qu'on les maintient fortes,
jeunes et vigoureuses.

Mais ce produit me paraît bien exagéré , et il
est peu de pays capables de produire d'aussi abondantes récoltes de miel ; car on sait que l'abondance du miel dépend du climat et non de la
forme de la ruche. D'ailleurs le miel qui est déposé dans les paniers que l'on enlève, est emmagasiné dans des rayons qui ont contenu du couvain
et du pollen, ce qui le rend infiniment moins beau.
Et comme, dans les récoltes, on prend toujours tout
celui que contient la ruche , les dernières prises
doivent la mettre dans une disette absolue à laquelle ne peuvent subvenir des approvisionnemens
placés dans le bas de la ruche, où le froid ne permet
pas aux abeilles de descendre sans danger.

M. *Ducouëdic* ne parle pas du couvain ; je suis

sûr qu'il s'en trouve une très-grande quantité dans tous les paniers supérieurs que l'on enlève, et que c'est la raison pour laquelle ces ruches n'essaiment pas. Au reste l'effet d'empêcher les essaims, que l'éditeur offre comme un avantage, étant au contraire le plus grave de tous les inconvéniens, il n'en faudrait pas davantage pour faire rejetter cette ruche, pour la faire défendre même ; car loin de s'opposer à la multiplication des abeilles, il est de l'intérêt public de peupler nos campagnes de ces insectes laborieux, pour nous éviter le besoin d'acheter de la cire, hors de l'Empire, pour trois ou quatre millions par an, tandis qu'il ne nous manque que des ouvrières pour être dans le cas d'en vendre à nos voisins.

§. V.

Ruche de M. Hubert.

La ruche de M. *Hubert* se compose d'une certaine quantité de cadres placés à côté les uns des autres, dans une situation verticale, de manière qu'ils forment une caisse qu'on ferme des deux côtés par une planche de la dimension juste des cadres ; le tout s'attache avec des ficelles ou de toute autre façon.

Le cadrè, fait en bois de sapin, a 32 centimètres

(un pied) quarré , et 3 centimètres et demi
(quinze lignes) justes d'épaisseur ; ils ont tous
un trou rond dans la partie inférieure du devant,
qu'on ferme avec un bouchon de liège , excepté
ceux des deux cadres qui forment le milieu de la
ruche.

Chaque cadre est destiné à contenir un rayon,
de manière que les cadres puissent se séparer et
s'ouvrir dans l'intervalle que les abeilles laissent entre
leurs rayons et qui est , comme on sait, d'un centim.
(4 lignes). Pour déterminer donc les abeilles à
travailler dans le plan des cadres , on place dans
la partie supérieure de chacun, un morceau de
gâteau que les abeilles prolongent par leurs constructions, et qui par conséquent sert à les diriger.
Quand on veut augmenter la capacité des ruches,
on glisse des cadres vides entre les cadres de la
ruche. Si l'on veut enlever du miel, on prend un
ou plusieurs cadres et on en substitue de vides.
On peut visiter commodément l'intérieur de la
ruche, connaître son état et juger s'il est à propos
de former des essaims artificiels. Pour y procéder,
on ne fait que séparer la ruche en deux, en mettant dans le milieu deux planches comme celles
qui ferment les deux côtés de la ruche; on ferme
les deux trous du milieu qui servaient d'entrée
aux abeilles , et on débouche celui des deux
cadres les plus éloignés , de manière que chacun

serve d'entrée à chacune des deux ruches , et que ces entrées soient tellement distantes que les abeilles des deux ruches ne puissent avoir entr'elles aucune communication. Les deux ruches restent ainsi accolées , jusqu'à ce qu'on soit sûr que les abeilles de la moitié de ruche qui n'avait pas de reine, s'en soient procuré une. Alors on en fait définitivement deux ruches , et on leur donne une certaine quantité de cadres vides entre les pleins. Si l'opération ne réussissait pas , on enlèverait les séparations des deux ruches , et on rendrait l'essaim à sa mère , avec l'attention toutefois d'enfumer les abeilles , pour éviter des combats destructeurs.

Outre ces avantages que M. *Hubert* annonce appartenir à sa ruche , il en est un très-important selon lui , c'est d'avoir la faculté d'interposer des cadres vides entre ceux qui composent la ruche , et de forcer par ce moyen les abeilles à travailler en cire , pour maintenir l'espace d'un centimètre (4 lignes), auquel elles ont soin de réduire la distance qu'elles laissent entre leurs gâteaux : ce qui , vu le prix de la cire , fait un très-grand profit , si l'on en croit M. *Hubert.*

On ne saurait disconvenir que cette ruche présente quelques avantages , si elle peut être mise commodément en pratique. Je ne l'ai jamais expérimentée ; mais je connais des amateurs qui l'ont employée et qui prétendent que les abeilles

suivent rarement la direction de travail qu'on leur
donne ; de sorte qu'il est impossible de l'ouvrir
sans déchirer tous les gâteaux qui sont placés entre
les joints des cadres ; ce qui jette un grand désordre dans la ruche et en rend la récolte excessi-
vement pénible, pour ne pas dire impraticable (1).
Ce qu'il y a de certain , c'est que, si les abeilles
donnent ordinairement deux centimètres et dem
(11 lignes) d'épaisseur environ à leurs gâteaux
avec la distance d'un centimètre (4 lignes) entre
chacun , pour la commodité de la desserte , il
arrive très-souvent qu'elles soudent ensemble deux
gâteaux lorsqu'elles les remplissent de miel, parce
qu'alors la facilité des communications n'est plus
aussi nécessaire dans cet endroit où il n'y a point
de couvain qui appelle continuellement la présence
des abeilles.

Mais, sous divers rapports, la récolte de cette
espèce de ruche offre des inconvéniens : les gâteaux que l'on enlève pour avoir du miel contiennent nécessairement du couvain dans leur partie
moyenne ; ce qui oblige d'attendre pour faire la
récolte , qu'il n'y ait plus de couvain, ou de

______

(1) M. *Serain* assure en avoir mis en expérience
quinze à-la-fois, et que les abeilles ne suivirent point la
direction qui leur était tracée pour la construction des
rayons.

laisser dans les cadres la portion des gâteaux qui le contient , et de replacer ces cadres dans la ruche. Qu'on joigne à cela la complication de la ruche , l'adresse qu'exige son emploi , la préparation qu'il faut à chaque cadre avant de l'adapter à la ruche , et par-dessus tout , la situation ordinairement oblique des rayons , et leurs fréquentes soudures dans la partie qui contient le miel ; on sera peu tenté d'en faire usage.

Quant à l'avantage résultant de ce qu'on peut forcer les abeilles à travailler en cire , il me paraît non pas seulement nul , mais négatif. Qu'on ne s'y trompe pas , ce ne sont pas les récoltes de cire qui font le profit du propriétaire , mais bien celles de miel. D'après M. *Hubert* lui-même , les abeilles mettront un mois environ à remplir de cire une demi-douzaine de cadres ; ce qui fera un poids d'un quarteron ou d'une demi-livre au plus ; qui , à raison de 5o s. la livre , produira 25 s. de bénéfice; tandis que dans le même espace de temps , une bonne ruche pourrait ramasser au moins douze livres de beau miel , qui , à 20 s., feraient douze francs. Il n'y a donc certainement là aucun avantage.

La seule commodité réelle qu'offre peut-être cette ruche, dans la supposition qu'elle puisse être mise en pratique, comme l'avance son inventeur, c'est le plaisir d'observer à volonté le travail des abeilles, en l'ouvrant, et la facilité de former des essaims artificiels qui doivent rarement y manquer; car en séparant la ruche en deux, chaque partie doit nécessairement contenir du couvain propre à recevoir l'éducation royale.

§. V I.

Ruche à Hausses.

La ruche à hausses, composée de boîtes placées les unes sur les autres, a subi dans les ruchers des amateurs, une multitude de modifications par rapport à sa construction ; mais aucune jusqu'ici par rapport à la manière de s'en servir. On a conseillé tour-à-tour le bois et la paille pour la construire ; tantôt on l'a composée de deux hausses seulement, tantôt de trois , tantôt enfin d'un nombre indéterminé, mais proportionné à la population de l'essaim. Toutes ces diverses méthodes sont néanmoins d'accord sur ce point, que quand la ruche est pleine, on enlève la hausse supérieure et on en met une vide par-dessous.

Cette ruche, telle qu'elle a été simplifiée par les derniers auteurs, est composée de boîtes appelées *hausses*, de 27 centimètres (10 pouces) quarrés dans œuvre, et de 8 à 11 centimètres (3 à 4 pouces) de hauteur, sans fond ni plancher, placées les unes sur les autres en tel nombre que l'on veut, suivant la capacité qu'on juge à propos de donner à la ruche, et attachées entr'elles par des crochets et des pitons en fil de fer, ou par des ficelles qu'on tourne autour des extrémités saillantes de deux baguettes placées en croix dans le dessus de chaque boîte. La couverture de cette ruche est une planche qui la ferme par le haut ; l'entrée est une entaille pratiquée dans l'épaisseur de la table sur laquelle pose la ruche, ou bien on l'élève tout autour sur des cales de 3 à 4 lignes, de manière que les abeilles peuvent entrer de tous les côtés.

Lorsque le premier vide donné aux abeilles se trouve rempli, on augmente la capacité de la ruche en mettant une hausse vide dessous. Pour récolter, on commence par placer une hausse vide dans le bas, et après avoir enfumé les abeilles par le haut pour les faire descendre, on passe un fil de fer entre la hausse supérieure et celle sur laquelle elle est posée, afin de couper les rayons, et on enlève cette hausse ; après quoi on recouvre la ruche de sa couverture.

De cette manière, chaque hausse, placée d'abord dans le bas où les abeilles y fabriquent des rayons de cire, arrive à son tour au milieu où ces rayons reçoivent du couvain, et parvient au dessus où ils sont remplis de miel, puis enlevés.

Pour faire un essaim artificiel , on choisit un
moment où un grand nombre d'abeilles sont en
campagne ; on enfume celles qui sont dans la
ruche pour les contraindre à se retirer avec la reine
dans le haut : cela fait, on sépare la ruche en
deux avec le fil de fer ; on porte la partie supérieure à l'endroit qui lui est destiné, et on remet
une couverture sur la partie inférieure restée en
place.

Cette ruche est avantageuse, en ce qu'elle fournit
le moyen de donner du vide aux abeilles dans le
moment du travail , de les dépouiller sans les détruire et dans le temps où elles peuvent remplacer,
de former des essaims artificiels , et surtout de
renouveler la cire à mesure qu'elle vieillit ; mais
elle a les inconvéniens que voici :

1.º Comme les rayons de cire montent succes-
sivement du bas au dessus , le miel qu'on récolte
dans le haut de la ruche est renfermé dans la
cire la plus vieille , laquelle est ordinairement
noire et dégoûtante.

2.º Ces rayons , en passant par le centre , ont
reçu du couvain et du pollen ; ce qui communique
au miel beaucoup d'âcreté , joint à ce qu'il est
renfermé dans des alvéoles déjà rances de vétusté.

3.º Cette récolte se fait au moyen d'un fil de
fer qui, en coupant les rayons, fait couler le miel
dans la ruche , englue les abeilles et empêche qu'

l'opération puisse être faite avec toute la propreté possible.

4.° Comme pour faire des essaims artificiels , il faut diviser la ruche en deux , on passe le fil de fer dans une partie qui renferme du couvain , et tous les vers et nymphes qui se trouvent sur son passage sont écrasés et coupés ; ce qui offre une scène de destruction aussi désagréable que pernicieuse ; sans compter que le déblai de ces cadavres occupe long-temps les abeilles , et que leur putréfaction peut leur nuire et les dégoûter.

Telle est la ruche à *hausses* , qui malgré les changemens divers qu'elle a subis jusqu'ici dans sa forme, n'a cessé de présenter les inconvéniens que je viens de lui reprocher. Celle que je publie aujourd'hui , n'en est elle-même qu'une nouvelle modification ; mais cette modification , apportée à la manière d'en faire usage , plus encore qu'à sa construction , fait disparaître tous ces inconvéniens.

§. VII.

Ruche de M. Lombard.

M. *Lombard* , auteur du *Manuel nécessaire aux villageois* , a publié l'usage d'une ruche fort simple , qu'il appelle *ruche villageoise* , et qui est composée de deux parties, la ruche et le couvercle. La ruche est en paille, sa hauteur est de 58 centimètres (14 pouces) environ et de 32 centimètres (un pied) de diamètre dans le haut et dans le bas, en sorte qu'elle forme un véritable cylindre ; elle est couverte d'un plancher de paille ou de bois, de forme poligone, de manière à laisser par côté, tout au tour, des ouvertures de 8 à 11 centimètres (3 à 4 pouces) de longueur, sur 1 ou 2 centimètres 6 à 8 lignes) dans leur plus grande largeur, et percé dans le centre d'un trou de 2 centimètres et demi (un pouce) de diamètre. Le couvercle qui est aussi en paille, a également 32 centimètres (un pied) de diamètre à sa base, pour s'adapter avec justesse sur la ruche, et il se termine en forme de dôme ; sa profondeur est d'environ 13 centimètres et demi (5 pouces). C'est par le moyen de ce couvercle que se fait la récolte. Dans l'été, lorsqu'il est plein de miel, on l'enlève et on en remet un vide sur la ruche ; s'il contient du couvain, ce qui est bien rare, on diffère de quelques semaines ; et toutes les fois que le couvercle est plein de miel, on l'enlève pour en replacer un vide, qui, dans les bonnes ruches, se remplit ordinairement dans un mois. On emporte le couvercle plein dans une chambre où l'on fait un petit jour, et les mouches qui se trouvent dans le couvercle doivent, suivant

M. *Lombard*, le quitter dans l'espace d'une heure pour retourner à la ruche.

On enduit la ruche et le couvercle d'un pourget fait de cendre et d'un tiers de bouse de vache. Le pourget s'enlève avec un couteau dans l'endroit où le couvercle joint la ruche, quand on veut ôter le couvercle ; et on le lute de nouveau avec le pourget, quand on le replace.

On met cette ruche en plein air en l'affublant d'un bon surtout de paille qui tient par un cerceau autour de la ruche.

Le principal avantage de cette ruche, est que le miel qu'on retire des couvercles, est d'une fraîcheur et d'une pûreté qui en augmentent beaucoup la valeur. Déposé dans des alvéoles qui n'ont jamais contenu ni couvain ni pollen, il le dispute en beauté au miel de *Narbonne*, et la récolte s'en fait sans rien briser, sans rien couper.

On ne peut disconvenir que la faculté de se procurer ainsi un miel frais et pur, ne soit infiniment précieuse, de même que celle d'occuper les abeilles pendant toute la belle saison, en remplaçant les couvercles pleins par des vides, et celle d'approvisionner les essaims faibles par des couvercles pleins ; mais ces avantages sont rachetés par une foule d'inconvéniens et d'incommodités que cette ruche offre dans la pratique.

1.º Il peut arriver que la ruche dont la capacité

ne varie point, soit convenable pour un bo
essaim, et trop vaste pour un faible, qui ne pe
en remplir la moitié de constructions, et p
conséquent mettre son couvain à l'abri de l'i
fluence du froid, ni s'en garantir lui-même penda
l'hiver.

2.º Elle n'est point commode pour former d
essaims artificiels, ce qui fait perdre beaucou
de temps pour surveiller la sortie des essain
naturels, dont on perd même une partie.

3.º Cette ruche étant composée de rouleau
de paille liés en spirale les uns sur les autres
les abeilles garnissent de propolis les entre-deu
des rouleaux; et cette propolis qui est de nul
valeur pour le propriétaire, emploie pour sa r
colte beaucoup de temps et occupe beaucoup
monde à pure perte.

4.º En enlevant les couvercles des ruches
les portant dans un endroit clos, les abeilles q
y sont, doivent les quitter dans une heure, suiva
M. *Lombard;* mais il arrive quelquefois qu'ell
ne les quittent point, et qu'on ne peut les fai
déguerpir, parce qu'on ne peut employer
secours de la fumée.

5.º La nécessité de luter de pourget le cou
vercle toutes les fois qu'on l'enlève et qu'on
replace, devient très-incommode quand on a u
grand nombre de ruches; on ne peut les visite

sans avoir une truelle à la main et un baquet de pourget à ses côtés, pour plâtrer chaque ruche dont il plaît d'examiner le couvercle; ce qui perd un temps infini et ce qui peut d'ailleurs nuire au couvain, à cause de l'humidité du pourget. D'un autre côté, la nécessité d'enlever ce pourget avec la pointe d'un couteau, quand on veut séparer le couvercle, de la ruche, fait qu'on a bientôt coupé les deux rouleaux de jonction; en sorte que la ruche est promptement hors de service.

6.° Le surtout s'accolant à la ruche, on ne peut la découvrir sans briser et mêler la paille dont il est fait; ce qui exige une adresse et des précautions auxquelles on est bien aise de n'être pas assujetti quand on a beaucoup de ruches à opérer.

7.° Mais le principal inconvénient de ce vaisseau, c'est l'impossibilité de renouveler la cire du corps de la ruche, qui, venant à se gâter, peut faire déserter les abeilles ou devenir la proie des fausses-teignes.

M. *Lombard* l'a bien senti; et pour y rémédier, il conseille le transvasement des vieilles ruches. Pour faire cette opération, après avoir bouché les ouvertures du plancher de la ruche qu'on veut transvaser, afin d'interdire aux abeilles toute communication dans le couvercle qu'on laisse néanmoins sur la ruche à l'effet de tenir le sur-

tout , on place cette ruche sur une autre ruch
vide, en guise de couvercle ; on condamne l'entré
de cette ruche supérieure , et les abeilles , pou
sortir , sont obligées de descendre dans la ruch
inférieure , d'où elles vont dehors. La ruche su
périeure étant toute pleine , elles continuer
leurs constructions dans celle inférieure, et quan
elle est aux trois quarts remplie , on enlève cell
de dessus et on donne à celle qui reste, un cou
vercle plein , pris sur une autre ruche , ave
toutes les abeilles qui s'y trouvent.

Mais ce transvasement, minutieux dans sa pré
paration , et qu'il faut réitérer trop souvent , tou
profitable qu'il paraît être à raison des provision
qu'on retire de la vieille ruche, ne lève pas toute
les difficultés. 1.º Il faut quelquefois plusieur
années avant qu'il puisse être entièrement opéré
tellement qu'avant qu'il soit terminé , les teigne
peuvent s'être emparées de la ruche , d'autan
plus facilement , qu'on place tout de suite ur
vaisseau d'une grande capacité qui fournit une
retraite presque sûre aux papillons des teignes
2.º La ruche vide que l'on met sous l'ancienne
est souvent trop vaste pour le nombre des abeille
qui composent la ruche , en sorte que la chaleu
y est moins égale; ce qui est nuisible aux abeilles
et surtout au couvain. 3.º Si la vieille ruche ne
peut s'enlever dans l'année, on ne fait aucune

récolte pendant deux ans, et non-seulement on est privé pendant ce temps de plusieurs couvercles de beau miel, mais il en coûte encore la dépense d'un couvercle plein pris sur une autre ruche; ensorte que pour ce prix et pour la récolte de deux années, on n'a autre chose que les vieux rayons d'une vieille ruche.

Voulant jouir de l'avantage que présente la ruche de M. *Lombard*, qui est de récolter un miel pur et parfaitement beau, j'ai cherché en même temps à parer à tous les vices et à toutes les incommodités de sa ruche. J'ai voulu recueillir le miel à sa manière et renouveler la cire, comme on le fait avec la ruche à hausses : J'ai voulu de plus éviter tous les inconvéniens que j'ai reprochés à l'une et à l'autre de ces ruches, et qu'elles offrent dans la pratique. On va voir si j'ai réussi.

CHAPITRE II.

Construction de la Ruche Française (1).

L'ENSEMBLE de ma ruche se compose de trois

------

(1) Si l'on veut savoir pourquoi je lui donne ce nom, c'est que la ruche de *Gélieu* est *Suisse* ; celle de *la Bour-donnaye*, *Anglaise* ; celle de M. *Hubert*, d'origine *grecque* ; celle de M. *Lombard*, d'origine *Allemande* ;

parties principales : le corps de la ruche, le siége et le surtout que je vais décrire séparément.

§. I.er

Corps de la Ruche.

Le corps de la ruche est formé de plusieurs *étages* placés les uns sur les autres ; elle est fermée par le haut d'une planche qui lui sert de couverture.

Un *étage* est une boîte quarrée de 27 centimètres (10 pouces) dans œuvre, et de 13 centimètres (4 pouces 9 lignes) de hauteur, faite en planches, d'un bois léger, comme sapin, pin, tilleul, saule, peuplier, etc.

Ces planches doivent être de 3 centimètres (un pouce) d'épaisseur, et assemblées avec des pointes de Paris, de 5 centimètres (environ 2 pouces), ou avec de bons clous mouillés de vinaigre, avant de les introduire dans le bois, afin qu'ils s'y rouillent.

---

et que la ruche de plus de deux étages est vraiment d'invention *Française*. J'appelle donc de ce nom la ruche à hausses, telle que je l'ai perfectionnée, pour la distinguer de celles qui ont avec elle quelque ressemblance de construction, comme celle de *Palteau*, de M. *Beaunier* , etc., etc.

On peut aussi, pour diminuer les frais et rendre les étages plus légers, les faire avec des lambris de 1 centimètre et demi à 2 centimètres (6 à 8 lignes) d'épaisseur ; mais il faut se déterminer d'abord sur le choix d'épaisseur, afin qu'ayant des étages d'une seule sorte, on ne soit point obligé de trier quand on en a besoin. Dans tous les cas, ces étages doivent être dressés de manière à s'adapter parfaitement les uns sur les autres, et ne laisser entr'eux aucun jour, afin d'éviter aux abeilles une grande dépense de propolis.

Chaque étage est couvert d'un plancher fait en demi-lambri très-mince, qui s'incruste dans l'épaisseur de l'étage, au moyen d'une feuillure ou encadrement pratiqué dans la moitié de cette épaisseur ; de manière que le plancher ainsi encadré et fixé par de petites pointes, soit à fleur des bords de l'étage.

Ce plancher a, dans le milieu de ses quatre côtés, quatre échancrures de 6 centimètres (2 pouces un quart) de longueur, et d'une largeur telle, que le plancher étant placé sur l'étage, ces échancrures forment quatre ouvertures de 6 centim. de longueur sur 1 centim. et demi (6 lignes) de largeur. Il est en outre percé dans le milieu d'un trou de 2 centimètres (8 lignes) de diamètre. (Voy. la forme de ce plancher dans la planche, figure 1.re). *A*. Echancrures qui , lorsque le plancher est posé sur l'étage , forment des ouvertures de 6 centimètres de longeur et de 1 centimètre et demi de largeur. *C* , trou , au milieu du plancher.

La fig. 2 offre l'effet de ce plancher adapté à un étage et vu de face. *B* , Epaisseur de l'étage conservée intacte dans les parties auxquelles correspondent les échancrures du plancher. *K* , épaisseur qui reste en saillie, après l'encadrement fait pour recevoir le plancher. *A* , ouvertures de 6 centimètres de longueur sur 1 centimètre et demi de largeur, formées par les échancrures du plancher.

Il est possible d'ajuster les planches sur les étages d'une façon plus simple et tout aussi bonne, ou meilleure peut-être , en ce qu'elle diminue le travail. Elle consiste à faire les planchers de 27 centimètres (10 pouces) quarrés , afin qu'ils entrent juste dans l'ouverture d'un étage. On fait dans le milieu des quatre côtés les échancrures de 6 centimètres de long sur 1 centimètre et demi de large , et on fait porter ces planchers à fleur des bords supérieurs des étages, sur plusieurs petites chevilles plantées en dedans.

Les étages ainsi garnis de leurs planchers, se placent les uns sur les autres pour former le corps de la ruche. Ils s'unissent par des crochets en fil de fer , fixés dans le milieu des quatre faces de chacun d'eux et à la partie supérieure , et par des pitons aussi en fil de fer , également infixés dans la partie inférieure des quatre mêmes faces , et à des mesures si égales pour chaque étage , qu'ils puissent tous indifféremment s'accrocher entre eux. Pour plus de solidité , au lieu d'un seul crochet , on en place deux à deux faces opposées.

On peut remplacer les crochets et les pitons par de bonnes chevilles placées aux quatre faces des étages , à 2 centimètres (8 lignes) des bords supérieur et inférieur , et faisant saillie de 2 centimètres et demi (environ 1 pouce) ; on unit alors les étages avec de la ficelle qu'on tourne autour des chevilles en la croisant , ou avec du petit fil de fer recuit.

Sur ces étages unis , on place une couverture qui n'est autre chose qu'une planche en sapin , ou mieux en bois fort , comme chêne ou noyer , d'une dimension telle qu'elle recouvre les étages sans les déborder ; garnie de pitons placés dans son épaisseur à la même mesure que ceux des étages , afin qu'elle soit attachée par les crochets de l'étage supérieur ; ou garnie de chevilles répondant à celles des étages.

Une ruche peut comprendre depuis deux jusqu'à cinq étages , suivant la capacité qu'il est nécessaire de lui donner ; mais le nombre ordinaire sera de quatre.

Les personnes qui y trouveraient plus d'économie ou de commodité , pourront faire des ruches en paille, ou même en cercles de tamis. En ce cas , on donnera un pied de diamètre à chaque étage , et la même hauteur qu'aux ruches quarrées. On fera les planchers avec des demi-lambris taillés en figure pentagone ou hexagone , de manière qu'en les appliquant sur les étages, ils laissent des fentes par côté , pour le passage des abeilles , et on les percera d'un trou de deux centimètres (8 lignes) dans le milieu , comme le plancher de la ruche de M. *Lombard.*

Mais ces ruches mettront ceux qui en feront usage , dans la nécessité d'enduire de pourget les jointures des étages, ou de coller du papier sur celles des cercles de tamis.

§. I I.

Siége.

Le siége sur lequel pose la ruche est une planche ou assemblage de planches de bon bois, tel que chêne ou noyer, de 33 centim. (1 pied) au moins de largeur, et dont la longueur excède celle d'un étage de 9 centim. et demi (3 pouces et demi), afin qu'elle le déborde de 2 ou 3 centimètres (1 pouce environ.) par derrière , et de 7 centimètres (2 pouces et demi) par devant. On pratique dans l'épaisseur de cette planche , et sur le devant , une entaille de 6 centimètres (2 pouces et quart) de largeur , et d'une profondeur qu'on maintient de 12 ou 15 millimètres (5 ou 6 lignes) jusqu'à la longueur de 9 centimètres et demi (3 pouces et demi), à partir du bord, et qu'ensuite on diminue insensiblement , en approchant du centre de la planche. Cette entaille sert d'entrée aux abeilles.

A 7 centimètres du bord , on pratiquera une rainure verticale de chaque côté de l'entaille , afin de pouvoir, en certains cas , y glisser une petite coulisse de fer blanc , pour fermer les abeilles dans leur ruche, ou pour d'autres besoins.

Le siége ainsi préparé se pose sur un bon pieu de 15 à 16 centimètres (5 pouces et demi à 6 pouces) au moins de diamètre, fiché solidement en terre , et surmonté d'une planche de 27 à 30 centimètres (10 à 11 pouces) quarrés au moins, fixée à demeure par des clous. Le siége qui ne doit point être scellé sur cette planche , doit se trouver placé à 33 centimètres (1 pied) de terre , et pencher en devant de 4 ou 5 centimètres (1 pouce et demi ou 2 pouces), pour l'écoulement des eaux , qui sont quelquefois en abondance dans les ruches au moment des dégels.

La fig. 3, représente une ruche composée de quatre étages et posée sur son siége. *N*, pieu qui supporte la ruche. *L P*, planche clouée sur le pieu et sur laquelle on pose le siège. *R*, entaille pratiquée dans l'épaisseur du siége pour l'entrée des abeilles. *Z*, couverture de la ruche.

§. III.

Surtout.

LE *Surtout* ou la robe dont on couvre la ruche, se compose d'une charpente environnée d'un glui de paille de seigle.

Cette charpente se forme de trois pieux, longs d'un mètre et demi (environ 5 pieds), qu'on aiguise par le bas, afin de pouvoir les enfoncer dans la terre. On les attache ensemble par leur extrêmité supérieure, avec de l'osier, et on éloigne l'une de l'autre leur extrêmité inférieure, de manière qu'ils puissent embrasser dans leur écartement une ruche placée à sa hauteur ordinaire. On passe alors pardessus deux cerceaux, dont l'un, plus grand que l'autre, descende jusqu'à moitié de la longueur des pieux, auxquels on les attache avec de l'osier. Cet ensemble présente la figure d'un cône qu'on voit dans la fig. 4.

On couvre cette charpente d'une douzaine de

poignées de paille de seigle , qu'on lie fortement dans le haut ; et on glisse pardessus un ou deux cerceaux qu'on fixe avec deux liens , après les avoir fait descendre le plus bas possible , afin qu'ils tiennent la paille serrée , et forment de ce surtout un abri impénétrable contre la pluie , les grands vents et le soleil. On coupe avec des ciseaux les brins de paille qui débordent les autres.

On place ce surtout sur la ruche qu'il ne touche en aucun point , et on enfonce en terre l'extrêmité aiguisée des trois pieux , à une profondeur de quelques centimètres.

Pour surcroît de précautions , on peut coiffer la tête du surtout d'un pot renversé , à la manière de M. *Lombard*. La fig. 5 représente une ruche affublée de son surtout.

§. I V.

Avantages qui dérivent de cette construction.

MALGRÉ tout ce que les partisans des ruches en paille ont pu dire en faveur de la paille , je place la matière dont ma ruche se compose au nombre de ses avantages.

J'ai déjà dit , en parlant de la ruche de M. *Lombard* , que les abeilles , logées dans des ruches en paille , perdaient un temps précieux à remplir de propolis les interstices des rouleaux ; que lorsqu'on avait des ruches de plus d'une pièce, le pourget dont elles doivent être enduites, était fort long et fort ennuyeux à faire et à démolir lorsqu'on visitait ses ruches, surtout si on en avait un grand nombre ; que l'humidité de ce pourget pouvait être nuisible au couvain ; que d'ailleurs, chaque fois qu'on l'enlevait, on coupait les rouleaux de paille, ce qui usait promptement les ruches.

Ces inconvéniens réels et bien sentis, doivent sans contredit faire préférer les ruches en bois ; lorsque surtout on compare la durée de ces dernières (1) avec celle des ruches en paille, dont le prix est peu inférieur.

Objectera-t-on que les abeilles réussissent moins bien dans les ruches en bois ? C'est une erreur que l'expérience démontre, lorsqu'elles sont placées les unes et les autres en plein air. Dira-t-on, comme M. *Lombard*, que ces ruches sont sujettes à se déformer au soleil et à la pluie ? Je réponds que si la pluie et la chaleur font déjeter les ruches en bois, cet effet ne peut avoir lieu sur celles qui, étant couvertes d'un bon surtout, tel que celui que j'ai décrit dans le §. précédent, sont garanties de l'une et de l'autre.

---

(1) Une ruche en bois, bien abritée, dure 40 à 50 ans.

Le petit diamètre des étages est aussi une de leurs qualités : il produit l'effet de réunir davantage les abeilles, qui, ainsi que le couvain, sont beaucoup plus chaudement que dans une ruche d'un diamètre plus grand. Ce diamètre resserré réduisant la capacité des étages, les abeilles les ont remplis plus promptement de constructions et de provisions ; ce qui, d'une part, est très-avantageux pour les essaims, et d'une autre, pour les propriétaires qui récoltent plus souvent les ruches et qui en retirent le miel plus frais.

Il a été nécessaire de donner aux étages la hauteur de 13 centimètres (1) ; parce qu'une plus petite hauteur, en obligeant de multiplier les étages pour former une ruche, aurait aussi multiplié les planchers dont le trop grand nombre aurait été incommode aux abeilles, en gênant le

---

(1) On devrait cependant, dans les pays peu fertiles, réduire cette hauteur à 12 et même à 11 centimètres. Ce point est de la plus grande importance ; car il est certain qu'une petite ruche n'entraîne aucun inconvénient sensible, quand on peut dépouiller les abeilles et leur donner du vide à mesure qu'elles travaillent; tandis qu'une ruche trop grande, en privant le propriétaire du plaisir de récolter souvent du miel, expose les abeilles à périr de froid pendant l'hiver, et les épuise à fabriquer de la cire avant de songer à amasser des provisions.

libre parcours de la ruche. Une plus grande hauteur aurait occasionné des récoltes trop considérables à la fois ; ce qui aurait pu mettre la ruche dans la disette. Quatre étages formeront une ruche ordinaire.

Mais ce qui donne à la *ruche française* tous ses avantages, c'est le plancher adapté sur chaque étage. Les abeilles y attachent leurs constructions et les descendent, non jusques sur le plancher inférieur, mais jusqu'à un centimètre (4 lignes) de ce plancher, afin de se ménager un espace suffisant pour circuler librement dans toutes les parties de la ruche, le même qu'elles laissent toujours entre leurs constructions et le siége.

De cette manière, tous les étages sont indépendans et n'ont entre eux aucune espèce d'adhérence. On enlève ceux du dessus qui contiennent le miel, sans rien briser, sans passer le fil de fer : on enlève celui qui pose sur le siége, et on y replace la ruche avec la certitude que les constructions du second étage qui pose alors sur le siége, n'ont que le prolongement qui convient pour la facilité de la desserte ; avantage qu'on ne pourra jamais retirer des hausses sans plancher. Car, en séparant avec le fil de fer la hausse qui pose sur le siége de celle qui lui est supérieure, les gâteaux se trouveront alors jusqu'à fleur des bords de cette dernière, porteront par conséquent sur le siége, et empêcheront toute communication dans la ruche ; à moins de l'élever sur le siége par des cales d'un centimètre de hauteur, ce qui ne serait pas sans inconvénient, surtout pour les ruches faibles ; ou de remplacer la hausse enlevée par une hausse vide, ce qui ferait manquer le but que je me propose dans cet avantage ; savoir, le renouvellement de la cire.

Si l'on veut séparer la ruche en deux, l'indépendance des étages entre eux (1) offre encore la plus grande facilité pour le faire ; et là, point de couvain sacrifié, point de destructions. En un mot, on ouvre ses ruches, on les visite dans tout leur intérieur ; on en voit l'état, les forces, le travail, les magasins, avec la plus grande facilité, et en cinq minutes de temps au plus pour chacune (2).

---

(1) On objectera sans doute que la nécessité d'attacher les rayons à chaque pièce de la ruche, devient gênante pour les abeilles et augmente leur travail. Cette augmentation de travail n'a point lieu si on a l'attention, quand on dépouille les étages, de ne point en racler le fond et d'y laisser la couche de propolis qui sert d'attache aux rayons, ainsi que les brins de cire qui y sont adhérens : les abeilles n'ont alors qu'à construire sur d'anciens fondemens, et à continuer des édifices commencés.

(2) On doit voir maintenant que la dénomination d'*étage* convient mieux aux pièces de ma ruche, que celle de *hausse*,

Les étages communiquent entre eux par les
ouvertures ménagées sur les bords du plancher.
Ces ouvertures sont placées de préférence sur les
bords ; parce que le couvain qui est dans le milieu
occupe toujours un grand nombre d'abeilles, soit
pour le nourrir ou l'échauffer, ce qui intercepte
le passage, et forcerait les abeilles qui ont à faire
dans le dessus, à perdre un temps infini pour
percer la foule ; tandis que les bords étant peu
fréquentés, laissent un passage entièrement libre.

Outre ces ouvertures autour du plancher, il est
encore percé dans son milieu d'un trou qui facilite
la récolte, lorsqu'on introduit la fumée par le
dessus de la ruche.

Indépendamment des nombreux avantages attachés à la construction de ce plancher, et dont
je viens de rendre compte, on conçoit qu'il ser
encore à garantir les abeilles pendant l'hiver de
la rigueur des froids, et à les préserver de la chûte
des vapeurs qui, au temps des dégels, s'élèvent

____

parce qu'en effet, ces pièces sont autant d'appartemens
placés les uns sur les autres, et absolument indépendans, du
moins quant aux constructions qu'ils renferment, qui n'ont
entre elles aucune adhérence ni liaison ; et parce que
d'après ma méthode, l'on ne place jamais d'étages vides
sous la ruche, mais toujours par-dessus ; ce qui, dans
le premier cas, serait *hausser* le logement des abeilles,
et ce qui, dans le second, est l'élever d'un étage.

au sommet de la ruche où elles se condensent, et d'où elles retombent en pluie sur les abeilles.

L'isolement des siéges offre la commodité de tourner librement autour des ruches, de les opérer sans ébranler ni agiter celles qui seraient posées sur un même plateau : un demi-mètre de distance entre chaque surtout est suffisant pour passer entre deux.

Le siége n'étant pas scellé sur la planche sur laquelle il repose, on peut le soulever à volonté par derrière, pour connaître, en gros, le poids de la ruche, sans déranger ou écraser un grand nombre d'abeilles ; on peut même la peser très-facilement avec une romaine pour en connaître le juste poids, au moyen de deux cordes pasées sous le siége pour le soulever avec la ruche. Cette mobilité des siéges permet de transporter et de déplacer en tout temps les ruches avec une extrême facilité et sans écraser une seule abeille ; ce qui devient très-précieux dans la formation des essaims artificiels.

L'entaille pratiquée dans l'épaisseur de la table, et dont l'invention est due à M. *de Boisjugan*, dispense de la nécessité de faire une entrée à tous les étages qui sont tantôt au bas et tantôt au sommet de la ruche. Les deux rainures verticales pratiquées aux deux côtés de l'entaille, servent à recevoir une petite coulisse de fer blanc ou de sapin bien mince, qui a une échancrure d'un demi centimètre (2 lignes) de hauteur, pour réduire à cette mesure la hauteur de l'entrée (1), ou une coulisse criblée de trous pour pouvoir emprisonner les abeilles, quand on veut les transporter au loin.

Au lieu d'entaille dans le siége, M. *Beaunier* conseille d'élever la ruche sur quatre cales d'un centimètre (3 ou 4 lignes), placées sous les quatre côtés de la ruche, et il attribue à ce procédé l'avantage de donner de l'air aux abeilles.

Mais je préfère l'usage de l'entaille, parce que 1.º je le crois plus dans la nature : nous voyons en effet que les abeilles lutent exactement de propolis tout le tour de leur ruche, excepté l'entrée; et il est à présumer qu'elles ne le font pas sans bonne cause. 2.º Si une ruche est assez forte pour se garantir des fausses-teignes, quoique si bien à jour, il est certain du moins que le service de la garde à l'entrée de la ruche, exige en pareil cas un nombre de sentinelles trente fois plus grand, qui pourrait être employé plus utilement. 3.º Si un tel courant d'air peut convenir aux abeilles dans la grande chaleur du jour, il peut

---

(1) Voyez le §. 11 du chapitre suivant.

tre très-nuisible aux ruches faibles dans certaines
uits fraîches, et surtout au couvain (1).

Le surtout qui couvre la ruche sert à y main-
enir une température à peu près égale, à la vêtir
contre la pluie et les frimats, et particulièrement
à la garantir de l'ardeur du soleil pendant les
emps chauds. N'étant point accolé à la ruche,
on sent qu'il est plus facile de l'enlever quand on
veut opérer la ruche ; il suffit de le soulever en
le prenant par les pieds qui entrent dans la terre ;
es brins de paille ne se brisent pas, ne se mêlent
pas ; et l'on peut ainsi conserver un surtout bien
fait plusieurs années sans réparations.

Il n'est pas jusqu'au vide qui existe entre le
surtout et la ruche, qui n'ait aussi son utilité :
il fournit, en cas d'orage, un abri aux abeilles,
lorsque, revenant en foule des champs, elles n'ont
pas le temps de toutes rentrer avant la pluie.

CHAPITRE III.

De la manière de se servir de la Ruche Française.

La *ruche française* doit de grands avantages
à sa construction particulière ; mais elle en doit

---

(1) Aussi la méthode d'élever les ruches sur de hautes
éales, pour les empêcher de donner des essaims, ne
remplit souvent ce but que parce que le froid tue la
plus grande partie du couvain qui les aurait produits.

beaucoup aussi à l'usage qu'on en sait faire. C'est de cet usage que dépendent les deux points les plus importans de la culture des abeilles , la récolte du plus beau miel dans des alvéoles purs et le renouvellement périodique de la cire. Je vais donc , dans les paragraphes qui suivent , indiquer la manière de s'en servir depuis le moment où l'on y introduit les essaims : j'indiquerai aussi , dans un paragraphe particulier, le moyen de transvaser les abeilles d'une ruche ancienne dans une *ruche française.*

§. I.

Comment on recueille les essaims naturels.

Lorsqu'on a fait fixer un essaim qui part de la ruche , en lui jetant ou de l'eau avec des balais , ou du sable , ou de la terre menue on porte à sa plus grande proximité , une ruche composée seulement de trois étages , dont le supérieur est frotté intérieurement d'un peu de miel. Cette ruche doit être posée sur son siége et néanmoins élevée tout autour sur des cales de quelques centimètres.

Après cette préparation , on ramasse les abeilles avec un poëlon et on les verse doucement à l'entrée de la ruche , où elles entrent sur-le-champ. Le soir , au soleil couché , on enlève doucement et sans secousses, les cales qu'on avait mises pour tenir la ruche soulevée ; on l'emporte avec son siége sur le pieu qui lui est destiné, et on la couvre de son surtout. Quand le temps est mauvais, on la met tout de suite en place.

Si l'essaim est fort et précoce, en trois semaines ou un mois, il aura rempli de constructions les trois étages qui composent sa ruche (1). Il faut alors détacher la couverture et mettre un quatrième étage sur lequel on la replace (2). Mais il ne faut donner à la ruche ce quatrième étage, que quand les trois premiers sont entièrement pleins : la conservation des ruches est attachée à l'observation de cette règle.

Lorsque ce quatrième étage est plein, ce qui arrive quelquefois en moins d'un mois, quand la saison est peu avancée et le pays abondant, on fait la première récolte de miel comme je le dirai plus bas, au paragraphe 5.

---

(1) On s'en assure en soulevant la ruche le matin ou le soir, et en ôtant la couverture pour voir le travail des abeilles à travers les ouvertures latérales du plancher.

(2) Toutes les fois qu'on met un étage ou une couverture sur une ruche, il ne faut pas les poser à plat, car on écraserait un grand nombre d'abeilles sous les bords ; mais les glisser de derrière en devant, doucement et avec précaution.

§. II.

Des essaims faibles ou tardifs , et comment o
les réunit.

Un préjugé familier à ceux qui débutent dar
l'éducation des abeilles , c'est celui de recueillir
dans des ruches séparées , tous les essaims qu
sont sortis le même jour , dans la vue d'augmente
le nombre de leurs ruches. Cet appât est funest
et il importe de le détruire.

Pour peu qu'on ait d'expérience sur les abeilles
on est frappé de la différence qu'il y a entre
produit d'un bon essaim et celui d'un essai
faible. Non-seulement ce produit égale celui d
deux essaims , mais il est six fois plus consid
rable ; et il est certain , tandis que l'autre e
souvent négatif.

Cette différence tient à des causes sensibles
Supposons deux essaims du même jour , log
dans deux ruches et composés de dix mille abeill
chacun , et d'une reine également féconde ch
les deux. Supposons qu'il y ait dans chaque ruc
cent abeilles constamment et uniquement occupé
à en défendre l'entrée aux insectes et autres e
nemis ; cela réduira dans chacune le nombre d
travailleuses à neuf mille neuf cents ; qu'il fai

deux mois à ces essaims pour remplir de gâteaux de cire la capacité des ruches ; que le séjour de trois milles abeilles soit nécessaire dans la ruche, soit pour y maintenir l'égalité de température nécessaire au couvain, soit pour le soigner dans tous ses besoins, pour fermer de couvercles de cire les alvéoles qui sont pleins de miel ou ceux qui contiennent des vers qui ont acquis leur accroissement, soit pour polir les constructions de cire ébauchées ; le nombre sera réduit dans chaque essaim à six mille neuf cents butineuses ; qu'il faille que sur ce nombre six mille d'entre elles soient employées à recueillir du pollen pour nourrir le couvain, il ne restera que neuf cents ouvrières en miel dans chaque essaim.

Maintenant, en partant des bases supposées, réunissons les deux essaims dans une seule ruche au lieu de les séparer. Une des reines étant sacrifiée, leur nombre montera à vingt mille. Cent occupées à la garde de la ruche, il en restera dix-neuf mille neuf cents ; les constructions en cire s'achèveront dans un mois ; les trois mille abeilles nécessaires dans la ruche, réduiront le nombre des butineuses à seize mille neuf cents ; sur quoi six mille employées à la récolte du pollen, il restera encore dix mille neuf cents pour recueillir du miel, c'est-à-dire six fois plus d'ouvrières que dans les deux foibles essaims.

Mais ce calcul , quelque frappant qu'il soit
ne rend point encore toute la différence d'un bo
essaim à deux faibles. Car à peine quelques rayor
sont-ils construits , que le couvain y est dépos
aussitôt par la reine qui est dans sa grande pont
le couvain exige les soins de toute une faible c
lonie, la moitié pour le nourrir et l'autre moiti
pour l'échauffer : les constructions sont donc tou
à-fait interrompues pour l'éducation d'une jeun
famille qui , malgré cela, ne prospère point faut
de nourriture ou de chaleur suffisantes. Toute l
belle saison se passe avant que la ruche soit
moitié pleine , et l'on est obligé de donner, pou
l'hiver , des vivres à l'essaim qui périt le plu
souvent dans les ruches d'une seule pièce.

L'essaim fort, au contraire, qui a eu du mond
pour tous les travaux, a fourni au propriétair
un étage de beau miel et quelquefois deux ; et a
printems suivant , il donne de forts essaims qu
réparent la stérilité des ruches faibles.

Il faut donc , quand on a deux faibles essaim
le même jour ou à peu de jours d'intervalle, le
réunir ; et pour cela, après les avoir recueilli
chacun dans une ruche , on place le soir le
ruches l'une sur l'autre , et on enfume celle d
bas pour faire monter les abeilles dans celle su
périeure et les étourdir ; autrement elles se livre
raient des combats meurtriers. Après avoir pass

ainsi la nuit ensemble, le lendemain elles vivent en bonne intelligence et suivent les lois de celle des deux reines qui survit au duel qui a eu lieu entre elles. Il n'est pas nécessaire de dire qu'on retire dans le bas de la ruche les étages inutiles.

Si les essaims n'étaient pas du même jour, on ferait passer l'essaim du jour dans la ruche du premier recueilli, afin de ne pas perdre le couvain et le travail qui pourraient déjà se trouver dans celle-ci.

Si cependant on avait un essaim tardif ou faible, sans en avoir un autre faible avec qui on pût le réunir, on le recueillerait dans une ruche de deux étages seulement, où il ferait pendant le reste de la belle saison, tout le travail qu'il pourrait, et dans l'automne on mettrait sur cette ruche un étage plein de miel pris sur une ruche forte : par ce moyen on est assuré de lui faire passer l'hiver, et l'année suivante il dédomagera bien de cette avance.

§. III.

Manière de former les Essaims artificiels.

Pour extraire un essaim artificiel d'une ruche, il est indispensable qu'elle réunisse les conditions suivantes : 1.º qu'elle soit composée de quatre étages entièrement remplis de constructions ; 2.° qu'elle soit forte et bien peuplée ; 3.° qu'il y ait des faux-bourdons éclos depuis six ou huit jours, et cela pour les causes expliquées au paragraphe 5 de la première partie : 4.° et qu'on n'ait pas encore passé le milieu de juin.

Lorsque ces conditions se trouvent réunies, on se transporte masqué, ganté et approvisionné d'étages vides, de siéges et de couvertures, auprès des ruches qu'on veut opérer.

On enlève leurs surtouts ; on détache l'un de l'autre les deux étages du milieu, et on passe entre eux tout au tour une lame de couteau pour les décoler.

Cela fait, on passe derrière la première ruche dont on veut extraire un essaim, et on place à sa gauche, par terre, un siége vide. Après avoir donné quelques petits coups avec le dos du doigt, en trois reprises de quelques secondes d'intervalle, savoir, les deux premières contre le deuxième étage, et la troisième sur la jonction du premier et du deuxième étage, afin d'y attirer la reine, on enlève les deux étages supérieurs, qu'on met sur le siége préparé à sa gauche. On pose sur les deux étages inférieurs restés en place, un troisième étage vide, surmonté d'une couverture : puis on ôte sur-le-champ cette ruche avec son siége et on l'entrepose à sa droite. On remet à la place qu'elle occupait les deux étages supérieurs qu'on avait déposés à sa gauche , avec le siége sur lequel on les a placés : après quoi on porte au lieu qui lui est destiné , l'essaim composé des deux étages inférieurs auxquels on a ajouté un étage vide , et on le couvre d'un surtout.

On revient à la ruche restée en place , à laquelle on ajoute aussi un étage vide qu'on place dans le dessus , et on lui remet son surtout. Le point important pour réussir dans cette opération , c'est d'emporter la reine : autrement les abeilles de l'essaim déserteraient toutes pour la rejoindre.

Quand l'étage vide donné à chacune des deux ruches est rempli , on leur en ajoute un quatrième , toujours dans le dessus.

On voit qu'on emporte pour former l'essaim , les deux étages inférieurs qui possèdent la reine et qui contiennent beaucoup de couvain ; qu'avec eux , on enlève les deux tiers des abeilles , qui sont toujours dans le bas des ruches en plus grand nombre que dans le dessus ; mais on laisse en place le quatrième étage plein de miel , et , ce qui est plus utile encore , le troisième , qui , au temps de la grande ponte de la reine , renferme une quantité prodigieuse de couvain de tout âge; parce que les gâteaux qu'il contient étant plus frais que ceux des étages inférieurs , la reine y pond plus volontiers qu'ailleurs. Les abeilles qui étaient dans cette partie supérieure au moment de la séparation, celles qui étaient à butiner dans la campagne et qui arrivent bientôt en foule, ainsi que quelques-unes de l'essaim qui, par habitude, reviennent à leur ancien domicile, égalisent à-peu-près la population des deux ruches.

Les habitantes de la ruche restée en place, se voyant sans reine, s'occupent sur-le-champ de la remplacer en agrandissant et disposant verticalement des cellules où sont logés de jeunes vers féminins, si même déjà la ruche, disposée à essaimer, n'a pas quelques cellules royales construites et occupées. Au bout de quelques jours elles ont une reine qui, par sa fécondité, augmente bientôt la population de la ruche, et la met quelquefois en état de subir une nouvelle opération du même genre. Mais on ne doit l'exiger que dans le cas d'une extrême population, et lorsque la saison est peu avancée.

De son côté, l'essaim qui possède une reine dans le fort de sa ponte, remplit promptement deux étages vides, et se trouve ordinairement, peu de temps après, dans le cas de donner lui-même un essaim.

On peut faire des essaims artificiels depuis le matin jusqu'au soir, pourvu qu'au moment où l'on opère, il y ait un grand nombre d'abeilles en campagne.

§. IV.

Comment on transvase les abeilles des ruches anciennes dans les ruches françaises.

LORSQU'ON veut loger des abeilles dans un vais-seau, il est sans doute plus commode d'y in-troduire l'essaim immédiatement après sa sortie de la mère ruche ; cependant, si l'on veut faire passer les abeilles d'une ruche ancienne dans une ruche française , non-seulement on aura l'avan-tage de les avoir dans un vaisseau plus commode, mais on aura encore celui de voir leurs construc-tions rajeunies et de posséder une peuplade en quelque sorte toute nouvelle ; puisqu'on sait qu'une ruche ne vieillit jamais que par ses constructions.

Les auteurs ont conseillé divers moyens de transvaser les ruches *par préparation*, c'est-à-dire en amenant insensiblement les abeilles à travailler dans la ruche nouvelle qu'on leur présente.

Celui de ces moyens le plus généralement adopté, consiste à mettre la ruche nouvelle, percée par le dessus , sous la ruche ancienne dont on condamne l'entrée ; ensorte que les abeilles soient obligées de passer par la ruche nouvelle pour sortir. Quand la ruche supérieure est entièrement pleine , les abeilles descendent dans la ruche nouvelle, placée dessous, pour y continuer leurs constructions ; et quand celle-ci est aux trois quarts pleine, on enlève la vieille ruche.

On peut employer ce moyen pour transvaser une ruche ancienne dans une ruche française. Pour cela, on doit se munir d'une planche ou assemblage de planches, d'une surface assez étendue pour pouvoir clore la bouche de la ruche qu'on se propose de transvaser. Au milieu de cette planche, on marque un quarré de 27 centimètres (10 pouces), et on pratique dans ce quarré des ouvertures parfaitement semblables à celles des planchers des étages, de manière qu'elles y correspondent quand on place la planche sur un étage.

Cette précaution prise, immédiatement après la sortie de l'hiver, on met la planche percée sur deux étages, avec l'attention d'en faire correspondre les trous avec ceux du plancher de l'étage supérieur ; et on place sur cette planche, la ruche ancienne dont on bouche l'entrée. On lute la planche tout autour des deux ruches qu'elle sépare, avec de la bouse de vache, et on couvre le tout d'un surtout convenable.

Les abeilles de la ruche ainsi disposée, sont obligées, pour sortir, de passer par les deux étages où elles construisent bientôt des rayons. Quand ces deux étages sont pleins, on en glisse un troisième par-dessous, après avoir enfumé les abeilles pour les faire monter ; et quand celui-ci est rempli à son tour , on donne quelques petits coups contre les étages pour y attirer la reine , puis on enlève la vieille ruche avec la planche intermédiaire, et on remet à sa place un quatrième étage, si la saison n'est pas trop avancée. On emporte cette ruche dans une chambre où l'on ne laisse qu'un petit jour, afin que les abeilles qui s'y trouvent, retournent à la ruche laissée en place.

Mais ce mode de transvasement a un inconvénient notable ; c'est que les abeilles plaçant toujours leur miel dans le haut de leur logement, la totalité de leurs provisions se trouve dans la ruche ancienne ; et que les étages qui restent après qu'on a enlevé celle-ci , ne contenant que du couvain ou des rayons sans miel, on est obligé de donner aux abeilles un étage plein, pris sur une ruche forte , ou de l'approvisionner de quelqu'autre façon pour l'hiver.

Cet inconvénient m'a suggéré un moyen que je crois préférable à celui-ci. Par ce procédé , le transvasement se prépare toujours dès la sortie de l'hiver : à cette époque on perce la ruche ancienne par le haut de plusieurs trous assez évasés pour que les abeilles y puissent passer en grand nombre. Sur cette ruche , on place une planche percée de trous qui correspondent à ceux faits au sommet de la ruche , ou plutôt ouverte dans le milieu d'un très large trou dans le vide duquel viennent aboutir tous ceux pratiqués au-dessus de la ruche. On met sur cette planche un étage garni d'une couverture et on lute le tout avec de la bouse de vache.

Si le dessus de la ruche ancienne était plat et d'une surface assez vaste pour qu'un étage qui y serait placé ne débordât d'aucune part, la planche percée intermédiaire serait inutile. Si au contraire elle était de figure conique , on en couperait la pointe à une longueur de 10 à 11 centimètres (environ 4 pouces) , et on poserait la planche percée sur la section du cône.

Dès que l'étage ainsi arrangé sur la ruche ancienne est rempli, on en interpose un vide entre lui et la ruche ancienne ou la planche intermédiaire , s'il y en a une ; et au lieu de le luter sur cette planche ou sur la ruche , on le soulève pardevant sur deux cales d'un centimètre (4 lign.) pour servir désormais d'entrée aux abeilles. On condamne celle de la vieille ruche et on remet un surtout plus élevé.

Quand ce nouvel étage est plein, on en ajoute un troisième par-dessus, ou mieux entre les deux. Quinze jours ou trois semaines après, on débouche l'entrée de la vieille ruche par où on souffle de la fumée afin d'obliger les abeilles à monter dans les étages, et on enlève cette vieille ruche pour s'emparer de ce qu'elle contient. Enfin, on place la ruche française sur un siége convenable, et l'opération est parachevée.

Palteau, et après lui quelques auteurs, ont conseillé une autre méthode de transvasement *par préparation*, qui consiste à renverser sans-dessus-dessous la ruche ancienne dont on condamne l'entrée, et à en couvrir la bouche avec une planche percée sur laquelle on place la ruche vide. Mais ce moyen ne m'a jamais réussi ; les ruches anciennes débordaient de population ; elles essaimaient à l'ordinaire sans que les abeilles se fussent installées dans les ruches nouvelles.

Si on n'avait pas préparé le transvasement des ruches anciennes à la sortie de l'hiver, on pourrait néanmoins faire passer les abeilles dans des ruches françaises, en leur faisant subir un transvasement *forcé*, après qu'elles auraient essaimé : pour cela on opérerait dans les cas et de la manière que j'ai indiqués, en parlant du transvasement des ruches d'une seule pièce, pag. 68 et 69.

§. V.

Comment on récolte le miel des ruches françaises.

Les essaims sont placés d'abord dans une ruche de trois étages, suffisans pour loger toute la ponte de la reine et pour recevoir leurs provisions d'hiver. Le quatrième étage , qu'on place sur les trois premiers , quand ils sont entièrement pleins , est le lieu de dépôt où les abeilles emmagasinent le tribut qu'elles doivent à leur maître , et cet étage est le seul qu'il puisse s'approprier. Aussi on ne doit songer à récolter du miel sur une ruche que quand elle a quatre étages tout pleins ; cette règle n'admet point d'exception.

Il y a plusieurs manières de faire cette récolte. Après avoir détaché le quatrième étage de celui sur lequel il pose , on l'enlève et on remet à sa place un étage vide fermé d'une couverture ; puis on emporte le plein dans une chambre où on ne laisse qu'un petit jour , comme on le fait pour les couvercles des *ruches villageoises* , avec l'espoir que les abeilles qui s'y trouvent le quitteront pour retourner à leur ruche ; on peut même , quand elles s'obstinent à y rester, les déterminer à fuir, en faisant monter de la fumée par les ouvertures du plancher. Ou bien le soir , au soleil couché , on soulève le quatrième étage sur des cales de 5 à 8 centimètres (2 à 3 pouces), afin que les abeilles descendent pendant la nuit dans les étages inférieurs ; et on l'emporte le lendemain de grand matin , après l'avoir remplacé par un vide.

Mais il vaut beaucoup mieux employer pour cette récolte l'enfumoir dont M. *Beaunier* conseille l'usage , et qui rend l'opération infiniment plus nette, plus facile et plus expéditive.

Cet enfumoir se compose de trois parties : la base, le fourneau et le soufflet.

La base de l'enfumoir est formée de quatre liteaux qui ont juste l'épaisseur du bois dont les étages sont construits, et qui ont des dimensions de longueur de manière à former un quarré qui s'adapte précisément sur les étages , c'est-à-dire de 17 centimètres dans œuvre. Sur ces quatre liteaux, on cloue un demi-lambri percé d'un petit trou dans une des parties de sa surface, autre que le centre , afin que la fumée ne s'introduise pas dans les ruches par la seule ouverture du milieu des planchers.

Le fourneau de l'enfumoir n'est autre chose que deux entonnoirs de tôle , dont les bouches peuvent s'emboîter l'une dans l'autre. On place dans chacun de ces entonnoirs une petite grille en fil de fer, qui sert à retenir les matières combustibles qu'on y met. Le bec de l'un des entonnoirs doit être recourbé en forme de coude à son extrêmité , pour plus de facilité dans l'usage.

Le soufflet, est un soufflet ordinaire qu'on peut choisir plus petit , si l'on veut, de manière toujours que son chalumeau entre juste dans le bec non recourbé du fourneau.

Quand on veut récolter une ruche, on met dans

le fourneau de la paille ou du foin mouillés , ou de la bouse de vache sèche , ou du linge, avec des charbons ardens. On adapte le soufflet au bec du fourneau qui lui est destiné ; on place la base de l'enfumoir sur la ruche dégarnie de sa couverture, puis on souffle doucement. La fumée se répand d'abord dans la base , et son volume grossissant , elle pénètre dans l'étage supérieur par les ouvertures latérales et par celle du milieu , et elle s'y étend de manière que les abeilles sont forcées de descendre et d'abandonner cet étage. Lorsqu'on voit les abeilles sortir de la ruche en très-grand nombre , ce qui fait présumer que la fumée commence à se répandre dans les étages inférieurs, on enlève celui duquel on vient d'expulser les abeilles , et on lui en substitue un vide que l'on met toujours à la place qu'il occupait , et jamais ailleurs. S'il restait encore des mouches entre les couteaux de l'étage enlevé , on appliquerait la base de l'enfumoir de l'autre côté de cet étage , et on les forcerait à s'échapper par les ouvertures latérales du plancher.

L'ensemble de l'enfumoir se voit dans la fig. 5. $M N$, base de l'enfumoir , composée de quatre liteaux surmontés d'un demi-lambri de la dimension précise des étages. Q , fourneau en tôle ou autre métal. CC , ligne qui marque l'endroit où les bouches des deux entonnoirs s'emboîtent.

DD lignes ponctuées qui figurent la place où sont les grilles en dedans du fourneau. *E*, trou de la base par où s'introduit l'un des becs du fourneau. *F*, coude de ce bec. *I*, autre bec du fourneau où se place le chalumeau du soufflet. *H*, soufflet (1).

Si après avoir enlevé le quatrième étage, on ne le trouvait pas entièrement plein, il faudrait le replacer et différer la récolte de quelques jours ou de quelques semaines. Si on ne voulait prendre que quelques couteaux de miel au moment du dîner, on enlèverait le quatrième étage après l'avoir enfumé comme je viens de le dire, et on détacherait proprement un ou deux rayons avec un couteau fait exprès ; après quoi on remettrait cet étage à sa place.

Ce couteau est un morceau de fer très-mince, d'environ 33 centimètres (1 pied) de longueur, dont les deux extrémités sont courbées à angle droit, pour en former deux lames de 3 centimètres (1 pouce) de longueur sur un centimètre (4 lignes) au plus de largeur ; l'une de ces lames a le taillant tourné en bas et l'autre horizontalement,

---

(1) Dans les opérations où il est nécessaire de souffler de la fumée par l'entrée de la ruche , on emploie l'enfumoir sans sa base.

lorsqu'on tient l'instrument droit ; la première
sert à détacher les rayons par côté , et l'autre à
les détacher par-dessous.

Lorsqu'une ruche est pleine et qu'on en veut
différer la récolte pour la faire sur un certain
nombre de ruches à la fois, on met un étage
vide entre le troisième et le quatrième, afin que
le défaut de place ne force pas les abeilles à
l'oisiveté (1). Elles travaillent dans ce vide intermédiaire avec une ardeur incroyable.

Quoique le quatrième étage soit le superflu des
abeilles , et que le propriétaire puisse s'en emparer toutes les fois qu'il est rempli , néanmoins
on doit s'abstenir de récolter toutes les fois que
la saison est très-avancée, et que la campagne ne
fournit pas assez aux abeilles pour qu'elles puissent
faire quelque travail dans l'étage vide qu'on substitue à celui qu'on enlève. Car outre que ce serait
donner à leur habitation un vide dont elles n'ont
pas alors besoin , le miel de cet étage peut ne
leur être pas absolument inutile , surtout si la

____

(1) Cette faculté de retarder la récolte est encore un
des nombreux avantages de la *ruche française* sur la
ruche villageoise , que l'on est contraint de récolter
quand le couvercle est plein , sous peine de perdre le
fruit du travail que les abeilles pourraient encore faire
dans le reste de la belle saison, si elles avaient du vide.

ruche est bien peuplée et l'hiver doux ; et comme elles sont extrêmement économes de leurs vivres , cet excédant de provisions n'est pas perdu ; il les met au printems suivant dans le cas d'essaimer de meilleure heure et de fournir des récoltes plus hâtives.

Ainsi , dans les pays où l'on sème du sarrasin après le blé , on peut récolter les ruches jusqu'à la fleuraison de cette plante , dont le miel est d'ailleurs amer et assez mauvais ; cependant elle en produit une telle quantité qu'on est obligé quelquefois de faire encore une récolte sur les ruches très-fortes durant le cours de cette fleuraison : dans tous les cas , il faudrait la faire avant le premier septembre , et ne plus rien prendre sur les ruches après cette époque , quelque garnies qu'elles fussent.

De même , quoique les quatre étages d'une ruche soient pleins dans le temps des essaims , il ne faut point la récolter alors , soit qu'on attende les essaims ou qu'on les fasse artificiellement , parce que d'une part , en ce moment, qui est celui de la grande ponte des reines , il ne serait pas impossible qu'il y eût un peu de couvain dans le quatrième étage , surtout si la reine était très-féconde ; et que , d'une autre part , l'étage vide que l'on substituerait au plein par la récolte , donnant de l'espace aux abeilles , retarderait ou empêcherait la sortie de l'essaim , et ferait obstacle à ce qu'on pût le former artificiellement.

Le vrai moment de faire la première récolte d'une ruche , c'est quinze jours après l'émigration des essaims naturels.

Quant aux essaims artificiels et aux ruches qui les ont fournis, on les récolte quand ils ont quatre étages pleins ; à moins qu'on ne préfère à cette époque en extraire de nouveaux essaims , si la saison n'est pas trop avancée.

Au reste, je ne conseille ces divers ménagemens que pour la plus sûre conservation des ruches ; et je puis établir comme règle générale qu'on peut les récolter après l'essaimage , toutes les fois que le quatrième étage est plein. Les récoltes tardives ne les font point périr ; elles n'ont d'autre inconvénient que de retarder les essaims et les récoltes l'année suivante. Quant aux ruches faibles, incapables de rien donner , elles manifesteront assez leur indigence par le défaut de travail dans le quatrième étage.

§. VI.

Récolte de cire.

Dans le mois de novembre , par un temps de gelée , on enlève à toutes les ruches , sans exception, leur premier étage ou étage inférieur qui, à cette époque, ne contient que de la cire. La méthode de placer les étages vides, toujours dans le dessus de la ruche, fait qu'au bout de quelques années, la cire qu'on enlève ainsi à chaque fin d'automne, est la plus vieille de la ruche : c'est par cette récolte que s'en fait le renouvellement.

§. VII.

Quand et comment on donne des étages vides aux ruches.

Au mois de mars, on met un étage vide dans le dessus de toutes les ruches, pour remplacer l'étage de vieille cire qu'on leur a enlevé dans le bas avant l'hiver. En général, toutes les fois qu'on donne des étages vides aux ruches, on les met dans le dessus et jamais dans le bas : c'est une règle fondamentale de ma méthode.

§. VIII.

Comment on nourrit les ruches faibles.

De tous les fléaux qui ravagent les ruches, le plus destructeur est le défaut de provisions suf-

fisantes pour l'hiver. Les essaims tardifs qui se
sont occupés de la construction de leurs édifices
et de l'éducation de leur famille dans le temps
propre à ramasser du miel, les essaims faibles et
les ruches mères qui ont donné trop d'essaims
et qui n'ont pas eu assez de monde pour pourvoir
à la fois aux besoins journaliers du couvain et à
l'approvisionnement de l'hiver, les forts essaims
logés dans de trop grands vaisseaux, et qui ont
employé toute la belle saison à fabriquer des gâteaux pour remplir leur habitation, les ruches
fortes qui n'ayant qu'un petit vaisseau n'ont pu y
emmagasiner assez de miel pour une grande population, celles qui, exposées aux ardens rayons
du midi, n'ont pu travailler durant les étés très-
chauds ; en un mot, toutes les ruches dans les
années stériles en miel et suivies d'hivers doux,
sont exposées à mourir de faim.

Le propriétaire qui veut les conserver, doit,
aussitôt que la campagne est dépouillée de fleurs,
les peser ou tout au moins les soulever pour connaître à la légéreté de leur poids, l'urgence de
leurs besoins, et venir au secours de celles qui
sont dans la disette.

La manière la plus naturelle et la plus sûre de
les pourvoir, est de leur donner en automne un
étage plein de miel, pris sur une ruche forte.
Si cependant on n'avait pas d'étages pleins à leur

donner, ou qu'on craignît d'en faire la dépense ; on les nourrirait d'une autre manière. On aurait l'attention de préparer d'avance un sirop composé d'une partie de miel commun et de deux ou trois parties de moût de raisins ou de jus d'autres fruits, avec un peu de sel, bouillis jusqu'à consistance. On aurait de petites auges faites d'un morceau de planche de 24 centimètres (9 pouces) quarrés, et de 4 centimètres (1 pouce et demi) d'épaisseur, creusé de 2 centimètres et demi, (environ 1 pouce) sur toute sa surface, jusqu'à 1 centimètre et demi (6 lignes) des bords. A défaut d'auges, on se servirait d'assiettes. On remplit l'auge de sirop ; on la couvre d'une toile de canevas ou de brins de paille : on enlève la couverture de la ruche : on place l'auge sur le milieu du plancher de l'étage supérieur, et on la couvre d'un étage vide sur lequel on met la couverture.

Les abeilles transportent dans leurs rayons la nourriture qu'on leur offre : deux jours après on donne une seconde augée, si la première ne suffit pas ; et quand la ruche est suffisamment pourvue, on retire l'auge et l'étage vide qui la couvrait.

Si en plaçant, après l'hiver, un étage vide sur toutes les ruches, comme il est dit au paragraphe précédent, on s'apercevait que quelques-unes eussent de nouveaux besoins, on y pourvoirait de même. Car c'est principalement en automne et au printemps que les abeilles ont besoin de nourriture. L'hiver elles sont engourdies et ne consomment rien ou très-peu. En général on ne doit pas être parcimonieux avec elles; elles dédomagent au centuple de ces légères avances.

§. I X.

Comment on détruit les fausses-teignes qui infestent une ruche française.

QUAND on reconnaît aux indices dont j'ai parlé au paragraphe 6 de la première partie, qu'une ruche est attaquée par les fausses-teignes, qui commencent toujours leurs ravages par le bas de la ruche, il faut sur-le-champ enlever le premier étage où elles se trouvent, sans miséricorde pour le couvain qui pourrait y être; et la ruche en est délivrée. On ajoute ensuite un étage vide par dessus, si la ruche en avait moins de quatre, ou si elle avait ce nombre, entre le troisième et le quatrième.

Il faut avoir l'attention, quand on enlève le premier étage infecté, d'examiner s'il n'y a pas des enveloppes soyeuses contre les rayons du deuxième étage qu'il faudrait aussi enlever dans

le cas où on en verrait. Mais ce cas sera infiniment rare, car on conçoit que le plancher de
chaque étage s'oppose à ce que les fausses-teignes
puissent arriver facilement aux étages supérieurs,
et il faudrait qu'elles fussent installées depuis bien
long-temps dans la ruche, pour avoir pu passer
du premier étage au second par les ouvertures
latérales du plancher.

§. X.

Moyen de prévenir le pillage.

Je n'ai jamais vu le pillage désoler une ruche,
quelque faible qu'elle fût, que quand la reine
était morte ; cette observation m'est commune
avec M. *Lombard.* J'ajouterai même que je n'ai
jamais eu de ruche pillée sans l'avoir prévu huit
ou quinze jours d'avance, parce que je remarquais
que les abeilles de ces ruches sortaient en petit
nombre, et qu'aucune d'elles n'apportait du pollen.
Jamais je n'ai trouvé de couvain dans les ruches
pillées, ni dans celles que j'en voyais menacées
et que j'ai visitées, étages par étages, quelques
jours avant le pillage.

Ainsi, quand la saison n'est pas trop avancée,
et que les faux-bourdons ne sont pas massacrés
dans la plupart des ruches, il faut mettre les

abeilles des ruches manacées du pillage, dans le cas de se procurer une reine. Pour cela on enlève le deuxième étage d'une ruche forte dont les abeilles apportent beaucoup de pollen, et on le place entre le premier et le deuxième de la ruche menacée.

L'étage que l'on donne à la ruche menacée contenant du couvain de tous les âges, les abeilles ne manquent pas de donner l'éducation royale à quelques jeunes vers et de se faire ainsi une reine. J'ai employé ce moyen avec le plus grand succès.

Pour enlever le deuxième étage que l'on donne à la ruche menacée du pillage, il faut mettre à la ruche forte un étage vide sous son dernier étage, c'est-à-dire entre le troisième et le quatrième étage ; puis souffler de la fumée par le bas, pour faire monter les abeilles dans le dessus, et surtout la reine : après quoi on enlève le deuxième étage, et on laisse le vide où on l'a placé.

Si la saison était trop avancée, et qu'il n'y eût plus de faux-bourdons qui pussent féconder la jeune reine, il faudrait, au lieu de donner un étage de couvain à la ruche menacée, faire passer les abeilles qui l'habitent dans une ruche faible, en plaçant celle-ci sur l'autre et en soufflant de la fumée par le bas. De cette manière on ferait une ruche bien peuplée à qui on donnerait de la nourriture pour l'hiver, si elle n'en avait pas assez, ou même l'étage le mieux approvisionné qu'on aurait trouvé dans la ruche menacée.

§. X I.

Comment on détruit les faux-bourdons.

Il n'est pas nécessaire d'aider aux ruches fortes à détruire leurs mâles gourmands et paresseux. Quand leur mission est remplie, elles savent fort bien s'en défaire elles-mêmes. Mais dans ce temps de proscription, il arrive souvent que ces parasites chassés avec acharnement de leurs ruches natales, vont se réfugier dans les ruches faibles dont ils ont bientôt dévoré les modiques provisions. Les habitantes de ces ruches peu peuplées s'épuisent long-temps à les combattre et à les chasser ; il n'est pas inutile de les aider.

M. *de Boisjugan* avait inventé pour cela une machine fort compliquée : on peut remplir le même but beaucoup plus simplement. Par un beau jour, entre midi et deux heures, moment où les faux-bourdons sortent tous des ruches pour jouir du plaisir de la promenade et des douceurs de l'amour, dans le temps de la naissance des jeunes reines, on glisse dans les deux rainures pratiquées aux côtés de l'entaille du siège, une coulisse de fer-

blanc, ou une feuille de sapin bien mince , ayan
une échancrure de la largeur de l'entrée , et de
centimètre (2 lignes) seulement de hauteur ; pui
on soulève la ruche tout autour sur des cale
n'ayant également que 1 centimètre d'épaisseu
L'entrée ainsi que le passage ouvert tout autou
par l'élévation de la ruche , n'ont que 1 centimètr
de hauteur et suffisent pour les ouvrières ; mai
les faux-bourdons ne peuvent plus rentrer au retou
de la promenade. Si la fraîcheur de la nuit ne le
a pas fait périr , on les écrase par centaines l
lendemain matin ; après quoi on rétablit la ruch
dans sa situation ordinaire , et on recommenc
l'opération à la même heure , jusqu'à ce qu'il n'
reste plus de faux-bourdons.

§. X I I.

Attentions particulières pour hiverner les abeille

Lᴇ moment où l'on fait à toutes les ruches l
retranchement du premier étage prescrit par l
paragraphe 6 de ce chapitre , est celui de le
mettre en état de passer l'hiver. Pour cela on élèv
par derrière toutes les ruches fortes sur deux cale
de 2 ou 3 millimètres (une ligne) , afin qu
l'air y circulant plus librement, en rende le séjou
plus sain , empêche la moisissure des gâteaux

tiennent les abeilles engourdies pendant les froids
pour éviter la consommation, et dissipe cette af-
fluence de vapeurs, qui, au temps des dégels,
s'exhalent de la massse des abeilles (1). Cette
précaution, indispensable pour les ruches fortes,

---

(1) On reproche aux ruches à dessus plat l'inconvénient de ne pas diriger sur les cotés l'écoulement des
vapeurs condensées qui, au lieu de couler le long des
parois de la ruche, retombent goutte à goutte sur les
abeilles. Mais ma ruche est garantie de cette incommodité par plusieurs causes :

1.º Le courant de l'air que j'établis l'hiver dans les
ruches fortes, les plus sujettes aux vapeurs, les empêche
de s'y amasser.

2.º Les abeilles se tiennent tout l'hiver dans le deuxième
étage qui est le mieux approvisionné; les vapeurs s'élèvent
dans le troisième et ne peuvent retomber en eau sur elles,
parce que le plancher les garantit.

3.º La pente du siége en devant dirige de ce côté l'é-
coulement des vapeurs condensées, si la situation des
rayons le permet.

4.º C'est aux dégels que ces vapeurs abondent dans les
ruches : or, à cette époque ou peu après, on remet sur
toutes les ruches un étage vide dans lequel elles s'élèvent,
et qui en préserve les abeilles.

5.º Enfin, j'ai peine à croire que cette incommodité
soit aussi importante qu'on voudrait le faire penser, puisqu'on cite des ruches qui ont duré plus de vingt ans et
qui étaient à dessus plat.

pourrait être funeste aux ruches faibles : c'es
pourquoi on s'en abstiendra envers celles-ci.

Il faut aussi enfoncer en terre les pieds de
surtouts , de 8 à 11 centimètres (3 ou 4 pouces)
après avoir fait des trous d'avance avec un peti
piquet chassé à coups de maillet. Cette attentio
est nécessaire pour que les vents ne fouettent poin
la neige contre l'entrée des ruches , et pour l
dérober entièrement aux rayons trompeurs du so
leil levant. On laisse les choses en cet état jusqu'au
moment de replacer un étage vide sur toutes le
ruches.

S'il arrivait que l'étage supérieur de quelque
ruches fût vide , il n'y aurait point d'inconvénien
à le laisser sur celles qui sont fortes ; il servirai
de retraite aux vapeurs ; mais il faudrait l'enleve
aux faibles.

§. XIII.

Avantages qui dérivent de l'usage de la ruche
française.

On doit voir maintenant que c'est de l'usage
que l'on sait faire de la ruche française , qu'elle
tire ses principaux avantages. La ruche à hausses
planchées n'est pas nouvelle ; M. *Serain* en parle
sous le nom de *ruches à hausses perfectionnées*

dans son *instruction sur les abeilles*. Mais cette ruche telle qu'il l'a dépeinte et qu'il en conseille l'usage, n'a que l'avantage d'éviter dans la récolte, la section des gâteaux par le fil de fer. L'ouverture de communication de 5 centimètres (2 pouces) quarrés, placée dans le milieu des planchers, est gênante pour les abeilles, qui, passant d'un étage à l'autre, sont obligées de percer avec des peines infinies, la masse du peuple qui est toujours au centre, pour soigner le couvain qui y est aussi placé. D'ailleurs la récolte se faisant en enlevant l'étage supérieur, qu'on remplace par un vide placé dans le bas, c'est dans la plus vieille cire de la ruche qu'est déposé le miel que l'on récolte.

Ici c'est tout autre chose : le miel que l'on récolte dans la ruche française, est le plus beau de la ruche ; il est renfermé dans de la cire parfaitement pure, qui n'a jamais reçu ni couvain ni pollen. En cela la ruche française usurpe le principal avantage de la ruche *villageoise* de M. *Lombard*. Elle l'emporte même sur cette dernière, en ce que, ne donnant d'abord que trois étages à un essaim, le quatrième, qu'on ajoute par-dessus quand ils sont pleins, offre dès la première récolte, un miel très-pur. En effet, la première ponte étant commencée dans les trois étages inférieurs suffisans pour contenir toute la postérité de la reine et les provisions d'hiver, les abeilles ne travaillent dans le vide supérieur que pour la remplir de miel pur ; tandis que dans la ruche *villageoise*, l'essaim, placé d'abord dans le couvercle, y construit ses premiers gâteaux où la reine fait sa première ponte, et que ce n'est qu'après la sortie du couvain qui y était logé, que les abeilles remplissent ces gâteaux de miel. Aussi les rayons que l'on retire de la première récolte des ruches *villageoises*, sont presque toujours moins beaux que ceux des récoltes suivantes (1).

---

(1) Il serait possible de faire jouir la ruche *villageoise* des principaux avantages de la ruche française. Pour cela le corps de la ruche serait composé de trois étages garnis chacun d'un plancher semblable à celui du corps de la ruche. On récolterait en enlevant le couvercle plein et en lui en substituant un vide. A l'entrée de chaque hiver, on enlèverait l'étage inférieur ; et à la sortie de l'hiver, on en remettrait un vide entre le couvercle et l'étage sur lequel il pose : de cette façon, on renouvellerait périodiquement la cire du corps de la ruche. Pour faire un essaim artificiel, on emporterait avec la reine les deux étages inférieurs sur lesquels on en placerait un troisième vide avec un couvercle également vide ; et on laisserait en place le troisième étage et le couvercle entre lesquels on intercalerait deux étages vides soit à la fois, soit l'un après l'autre, à quinze jours ou trois semaines d'intervalle.

Telle a été la première idée qui m'a amené à celle de la ruche française, dans la recherche d'une méthode qui cumulât les avantages et prévînt les inconvéniens de

La méthode de remplacer dans la récolte, le quatrième étage plein, par un vide mis à sa place, et jamais dans le bas, comme on l'a fait jusqu'aujourd'hui pour les ruches à hausses, procure les plus grands avantages. Outre qu'elle assure des récoltes constantes de beau miel, et que les mouches travaillent dans ce vide supérieur avec plus d'ardeur que dans le bas, elle donne encore la certitude de ne s'emparer que de leur superflu. Chaque fois que le quatrième étage sera plein, et que la saison ne sera pas trop avancée, on pourra l'enlever : car c'est là que s'emmagasine la part du propriétaire ; les provisions de la colonie sont dans les étages inférieurs. Mais le défaut de travail dans le quatrième étage, de la part de ces mouches laborieuses, ou un simple travail en cire, avertira suffisamment de la disette de miel dans la campagne, ou de la foiblesse de la ruche, et obligera le propriétaire de réprimer son avidité.

Si, des quatre étages qui composent une ruche, le troisième et le quatrième étaient pleins ou à-

---

la ruche à hausses et de la *villageoise*. Mais outre les inconvéniens de la paille et du pourget, j'ai préféré la ruche en bois, que j'ai nommée *française*, comme plus uniforme dans sa construction et plus simple dans son usage.

peu près pleins de miel, et qu'après la première prise la campagne ne fournît plus de miel, il ne s'en amasserait point dans le quatrième étage vide mis à la place de celui enlevé; le troisième étage plein, constamment respecté, resterait pour l'approvisionnement de la ruche, et l'on n'aurait plus de récoltes à faire.

Dans la ruche à hausses, au contraire, gouvernée comme elle l'a été jusqu'à présent, si, des quatre hausses dont je la suppose composée, les deux supérieures sont pleines de miel ; qu'après la prise de la quatrième hausse, la campagne n'en fournisse plus, et que cependant les abeilles aient rempli de cire la hausse vide placée dans le bas, on enlève la hausse supérieure qui contenait le reste des provisions et la ruche périt, quoique la récolte paraisse indiquée.

Ainsi, avec ma méthode, on n'agit point en aveugle dans la prise du miel; on ne prend que le superflu de la peuplade. Quand le quatrième étage est plein, on s'en empare : si on le prend trop tôt, on y trouve peu de miel, souvent même que de la cire; s'il ne contient rien, c'est que la ruche est hors d'état de rien donner. En général, il s'emplira d'autant plus promptement que l'année, la saison ou le climat seront plus abondans en miel, que la ruche sera plus peuplée, les abeilles plus actives, la reine plus féconde,

etc. ; au moyen de quoi les récoltes seront naturellement modifiées par ces différentes causes.

Mon mode de réformer les essaims artificiels,
est aussi commode et aussi infaillible que celui
qu'on pratique avec la ruche à la *Bosc*. L'essaim
composé des deux étages inférieurs, a sur la mère
ruche l'avantage de la possession actuelle d'une
reine féconde; mais l'équilibre est rétabli, en ce
qu'on laisse à celle-là (comme dans la nature),
la presque totalité du miel dans le quatrième étage,
et dans le troisième une grande quantité de couvain propre à remplacer la reine, ou même déjà
des jeunes reines prêtes à éclore : cár à l'époque
que j'ai indiquée pour faire les essaims, la ruche
est pourvue d'alvéoles royaux, dont plus des deux
tiers se trouvent dans le troisième étage.

L'étage de cire qu'on enlève dans le bas de
toutes les ruches à l'entrée de l'hiver, n'a pas
pour seul avantage le bénéfice d'une telle récolte ;
mais c'est par là que se renouvellent les constructions, et voici comment :

Supposons une ruche ordinaire de quatre étages.
L'étage supérieur étant consacré aux récoltes du
miel, la cire s'en renouvelle à chaque récolte :
il en reste trois à renouveler d'une autre manière.
La première année on enlève, à l'entrée de l'hiver,
l'étage n.° 1 ; la cire en est toute fraîche comme
celle des autres étages, et n'a que six mois. Alors

l'étage n.° 2 porte sur le siége et devient n.°
l'étage n.° 3 devient n.° 2 , et celui n.° 4, do
la cire n'a que deux ou trois mois, devient n.°
A la sortie de l'hiver on place un nouveau n.°

A l'entrée de l'hiver de la deuxième année,
enlève le n.° 1 dont la cire a un an et demi.
s'opère dans l'ordre des étages la même révolutio
le n.° 2 qui a aussi un an et demi devient n.°
le n.° 3 qui n'a guère que quinze mois, devie
n.° 2 , et le n.° 4 qui a environ 3 mois, devie
n.° 3.

A l'entrée de l'hiver de la troisième anné
même prise , même révolution : l'étage n.° 2 q
s'enlève a deux ans et demi; celui qui le rempla
n'a guère que 27 mois ; le n.° qui le suit, un
de moins , et le dernier, trois mois environ.

A l'entrée de l'hiver de la quatrième anné
le n.° qui s'enlève a trois ans et trois mois;
n.° qui lui succède a 27 mois ; le suivant,
mois, et le plus élevé , deux ou trois mois.

Ce dernier ordre, dans la succession d'âge d
différens étages , est celui qui se maintient penda
toute la durée de la ruche, qui ne doit périr q
d'accident : ensorte que le premier étage où il
se trouve presque rien pendant toute l'année ,
ce n'est un peu de couvain dans la grande por
de la reine , est précisément celui qui contie
la plus vieille cire , qui n'aura jamais guère q

trois ans , et beaucoup moins si l'on pratique l'essaimage artificiel.

La prise de ce premier étage ne nuira pas plus
aux ruches faibles qu'aux fortes ; puisqu'à l'époque
où il s'enlève , il ne contient jamais que de la
cire , qui est inutile pour nourrir les abeilles.
Cette récolte d'ailleurs diminue la capacité de
leur logement et leur procure la faculté de mieux
résister au froid.

D'un autre côté , en prenant cet étage , on
purge tout naturellement la ruche des œufs de
fausses-teignes qui pourraient s'y trouver , lesquels
sont toujours déposés dans le bas des rayons ;
ou des fausses-teignes elles-mêmes, qui pourraient
y être installées sans qu'on s'en fût aperçu , et
qui n'atteindront presque jamais le deuxième
étage à cause du plancher.

C'est encore là un des avantages marqués de la
ruche française sur la ruche *à hausses* , dans
laquelle les œufs de fausses-teignes, placés d'abord
dans le bas, sont portés au centre par la succession des hausses , puis au sommet , tellement que
les ruches qui en sont infectées le sont sans remède.

Ma méthode de donner de la nourriture aux
abeilles par le haut, est infiniment plus utile que
de la leur donner par le bas, où la longueur
des gâteaux empêche ordinairement qu'on puisse
rien placer , où d'ailleurs elles ne pourraient des-

cendre l'hiver sans courir le danger certain d'être saisies par le froid, et où, dans les temps chauds, l'odeur du miel peut attirer des étrangères et occasionner des combats meurtriers. Elle est même préférable à celle qu'emploient certaines personnes, qui consiste à introduire, par un trou pratiqué au-dessus de la ruche, le goulot d'une bouteille bouchée d'une toile à travers laquelle les abeilles sucent la nourriture qu'on leur donne. Car sans parler de la difficulté d'assujettir solidement cette bouteille, une vingtaine d'abeilles au plus peuvent y prendre leur nourriture à la fois ; et si la matière est trop liquide, elle coule, elle englue, elle inonde les abeilles.

Ainsi, en gouvernant la ruche française, comme je le conseille,

On donne du vide aux abeilles pendant toute la belle saison,

On récolte le miel sans faire périr d'abeilles,

On le récolte frais et tout nouvellement emmagasiné,

On le récolte dans de la cire fraîche et pure,

On ne prend que le superflu des abeilles,

On fait commodément des essaims artificiels,

On renouvelle la cire par des récoltes particulières des vieux rayons,

On détruit les fausses-teignes,

On nourrit facilement les ruches faibles ;

Quels avantages reste-t-il à désirer !

TROISIÈME PARTIE.

Manipulation du miel et préparation de la cire.

CET ouvrage devrait être terminé ici : car ce n'est point un traité complet sur les abeilles que j'ai promis , mais l'indication d'une ruche qui, gouvernée par une méthode simple , réunit tous les avantages qu'on s'est proposés jusqu'ici dans la culture des abeilles , savoir : les récoltes de miel pur , le renouvellement de la cire et l'essaimage artificiel. Je crois avoir rempli cette tâche. Cependant des cultivateurs qui ne seraient munis que de ce seul ouvrage sur les abeilles , pourraient avoir besoin d'être éclairés sur la manière de préparer le produit de leurs ruches , pour le mettre dans le commerce. C'est pour eux que j'ajoute ici , par forme d'appendice , une troisième partie qui traite sommairement de cet objet.

CHAPITRE PREMIER.

Manipulation du Miel.

§. I.er

Miel vierge ou premier Miel.

Le miel qu'on récolte dans les ruches françaises. n'est pas seulement frais et emmagasiné dans une cire pure où rien n'en altère la qualité, mais de plus on le récolte dans un temps où la chaleur de l'atmosphère donne la plus grande facilité pour l'extraire des rayons.

Pour faire cette extraction, il est nécessaire qu'on soit pourvu de baquets ou seaux, et de tamis de crins, moins larges que les seaux, de quelques centimètres. Ces tamis sont traversés intérieurement de deux ou trois baguettes, placées parallèlement au fond, dont elles sont distantes de 5 à 6 centimètres. (2 pouces environ); et assez longues pour que leurs extrêmités débordent les tamis de 8 centimètres (3 pouces). Ces baguettes servent à soutenir les rayons dans les tamis, et leurs extrêmités saillantes supportent les tamis sur les seaux. Au lieu de tamis, on peut se servir de corbeilles d'osier.

On ôte des étages les rayons de miel, en évitant de racler la couche de propolis qui les tenait attachés au plancher, et avec l'attention d'y laisser les petits rayons qui ne contiennent point de miel (1); on passe une lame de couteau bien mince sur les deux côtés des rayons, pour enlever les petits tégumens de cire qui couvrent les alvéoles remplis de miel, et on met ces rayons dans les tamis placés sur les seaux ou baquets. On couvre cet appareil d'un linge pour le préserver des abeilles, et on le porte au soleil : le lendemain on retourne les rayons et on les expose de nouveau au soleil. La chaleur liquéfie le miel ; il coule des alvéoles et tombe dans les seaux à travers les tamis qui le dépouillent des particules de cire qu'il pourrait entraîner avec lui.

De cette façon on extrait, sans chaleur artificielle et sans pression, les six septièmes environ du miel que contiennent les rayons ; et ce miel non altéré, diaphane et dépourvu de toute matière hétérogène, est ce qu'on nomme *miel-vierge*.

----

(1) Cette attention a pour effet d'exciter singulièrement au travail les abeilles à qui on donne des étages où il y a ainsi un commencement d'ouvrage. On garantit ces étages des œufs de fausses-teignes, en les mettant dans un lieu fermé jusqu'à ce qu'on trouve l'occasion de les placer sur quelques ruches.

On envase ce miel dans des pots vernissés ou dans de petits barils de bois, et on le dépose dans un lieu frais et sec, où il se durcit et peut se conserver plusieurs années sans altération. On conserverait de même le miel en rayons.

Si on veut donner au miel l'arôme de quelque fleur ou plante odoriférante, on parsème le tamis d'une poignée des feuilles de la plante ou de la fleur, avant d'y placer les rayons ; et on fait ainsi du miel musqué, à la fleur d'orange, à la rose, au jasmin, etc.

§. I I.

Miel pressé ou second miel.

Si on avait beaucoup de ruches, il faudrait, de toute nécessité, se munir d'un petit pressoir, tant pour extraire les deuxième et troisième miel, que pour préparer la cire ; mais si l'on n'en a qu'une petite quantité, on peut employer le moyen suivant :

On ôte les rayons des tamis lorsqu'ils cessent d'égoutter ; on les met dans un sac de toile forte et claire, dont le fond est pointu ; on lie ce sac et on l'attache à une bonne corde, qui est fixée au plancher, de quelque façon solide, et qui est assez longue pour que la pointe du sac ne soit qu'à 66 centimètres (2 pieds) environ de terre:

on place un seau dessous , et deux personnes pressent le sac entre deux gros bâtons polis , qu'elles tiennent par les deux extrémités , en les glissant du dessus du sac à la pointe , dans tous les sens, jusqu'à ce que le miel ne dégoutte plus.

Ce second miel, qui n'a point la transparence du premier, et qui n'est pas , à beaucoup près , aussi exquis , est encore fort bon : il s'envase et se conserve de même.

§. I I I.

Miel cuit ou troisième miel.

On retire du sac le marc des rayons ainsi pressés avec les bâtons ou le pressoir ; on l'émiette dans une petite quantité d'eau tiède , dans laquelle on le laisse baigner quelques minutes ; on le remet dans le sac avec cette eau et on le passe de nouveau par la presse ou par les bâtons.

Ce troisième miel mélangé d'eau n'a pas de consistance ; mais on la lui donne en le faisant bouillir sur un feu doux, pour évaporer l'eau qui le tient en dissolution. Ce miel est celui dont on se sert pour nourrir les abeilles , ou en le leur donnant pur, ou en y ajoutant du moût de raisin avec une poignée de sel , et faisant bouillir le mélange jusqu'à consistance de sirop. Au lieu de réduire en miel ce second pressis , on peut en faire un hydromel commun , si on en a une certaine quantité.

§. I V.

Hydromel commun.

On met dans des chaudières , le liquide provenant de la seconde pression du marc des rayons , ainsi que l'eau tiède avec laquelle on a lavé tous les ustensiles employés à l'extraction du miel. On fait bouillir cette eau miellée sur un feu doux et en l'écumant , jusqu'à réduction d'un quart au moins. On la passe par un linge ou par un tamis et on l'entonne dans un baril débondonné , placé dans un lieu chaud , pour exciter la fermentation. Ce qui reste , après le baril rempli , se met dans des bouteilles aussi débouchées , qu'on dépose au même endroit.

La fermentation s'établit bientôt , et à mesure que la liqueur diminue dans le baril , on le remplit avec celle des bouteilles. Quand la fermentation commence à se calmer , on pose le bondon légèrement sur la bonde , et on l'enfonce peu à peu , tous les jours , sans discontinuer de remplir le baril. On le descend à la cave où sa confection s'achève , et trois mois après on peut commencer à le boire.

(159)

§. V.

Vin de miel ou hydromel vineux.

CET hydromel se fait comme le précédent, avec cette seule différence, qu'au lieu d'eau miellée, on prend une partie de miel pur qu'on étend dans quatre parties d'eau; et on fait bouillir doucement le mélange en l'écumant, jusqu'à réduction d'un tiers. On entonne les deux tiers de la liqueur dans un baril débondonné et le reste dans des bouteilles débouchées ; et on l'achève comme dans le paragraphe précédent.

Si on met cet hydromel en bouteilles au mois de mars, il mousse comme du vin de champagne.

§. VI.

Eau-de-vie de miel.

LORSQU'ON a un alembic, au lieu de faire bouillir l'eau miellée provenue de la seconde pression du marc, pour en faire de l'hydromel, on peut la laisser fermenter cinq à six semaines au soleil ou dans un lieu chaud, avec l'attention de la couvrir pour la garantir des abeilles ; après quoi, on en obtient, par distillation, une sorte de *tafia* très-spiritueux.

§. VII.

Purification du miel ou sirop de miel.

Les moyens tentés jusqu'ici pour convertir le miel en sucre cristalisé, n'ont encore donné que des résultats imparfaits, plus propres à satisfaire la curiosité des chimistes, qu'à servir dans les ménages : l'économie domestique se trouve donc réduite à suppléer au sucre de canne par le miel, en l'employant sans préparation lorsqu'il est pur, et après l'avoir purifié s'il est impur ou pressé.

Voici comment se fait cette purification :

On prend 6 parties (poids) de miel impur, qu'on étend dans 12 parties d'eau ; on y ajoute une partie de sang de bœuf ou de blancs d'œufs, et on fait bouillir le mélange à petit feu, en l'agitant avec une spatule pendant une demi-heure : après quoi on le passe par un tamis de crin très-serré ou par un linge, et on laisse égoutter peu à peu, avec l'attention de jeter de temps en temps de l'eau bouillante sur le marc, pour enlever tout le principe sucré. On fait bouillir de nouveau la colature pendant une heure, avec une partie et demie de charbon grossièrement pilé. On passe la décoction à la chausse, et on la fait évaporer jusqu'à consistance de sirop très-épais, sur un feu qui doit être bien modéré ; car la moindre négligence à cet égard fait prendre au sirop un goût de caramel aussi désagréable que celui de miel qu'on veut lui ôter.

Le miel est réduit de moitié par cette opération ; mais le sirop qu'on en obtient , parfaitement pur et dépouillé de l'arôme du miel , peut remplacer le sucre dans la fabrication des confitures , compotes, gelées et liqueurs communes , de même que dans tous les usages domestiques.

CHAPITRE II.

Préparation de la Cire.

Lorsqu'on a extrait des rayons tout le miel qu'ils contenaient , on met le marc dans une chaudière remplie d'un tiers d'eau et placée sur un feu clair. Dès que la cire est fondue et qu'elle commence à bouillir , on la verse dans le coffre du pressoir garni de ses toiles et l'on presse ; ou si on n'a pas de pressoir , on la verse dans le sac pointu pour la soumettre à la pression des deux bâtons. On reçoit la cire dans des baquets où on a mis un peu d'eau.

Si on croit qu'il soit resté de la cire dans le marc , on l'en extrait en le faisant fondre et le pressant de nouveau.

Au lieu d'extraire la cire par pression, on peu
la mettre dans un sac de canevas serré, qu'o
place au fond d'une chaudière ; on assujettit l
sac dans cette position par un ou plusieurs poids
on verse de l'eau par-dessus, jusqu'à ce que le
poids soient recouverts, puis on fait bouillir
A mesure que la cire fond, elle surnage à la sur
face de l'eau, où on la ramasse avec une cuille
à ragoût, ou bien on la laisse se refroidir et s
figer.

Dans tous les cas, la cire ainsi purifiée d'u
marc hétérogène, par une première opération
se remet dans une chaudière avec un peu d'eau
et quand elle commence à bouillir, on la vers
dans des moules de terre ou de fer-blanc pou
en former des pains.

CHAPITRE III.

*Avantages qu'on peut retirer de. l
culture des Abeilles.*

La culture des abeilles a, dans tous les temps
excité l'intérêt des agronomes : le grand nombr
d'ouvrages écrits sur la matière le prouve. Tou
à tour les naturalistes et les cultivateurs ont pri
la plume pour nous instruire et pour nous guider
et cependant la pratique est encore à son enfanc

ans presque toutes les campagnes. Mais aujour-
l'hui qu'une guerre maritime nous prive du sucre
le canne ; que le gouvernement juge à propos de
ermer, dans tout le continent, l'entrée aux
lenrées coloniales, pour les faire refluer chez
ios ennemis et les appauvrir, si je puis ainsi dire,
u milieu de leurs richesses ; aujourd'hui que
es mesures forcent l'industrie à chercher dans
ios productions indigènes, un supplément à celles
lu nouveau monde, dont notre sensualité ne peut
ilus se passer ; la culture des abeilles devient
l'un intérêt vraiment public et présente des béné-
ices tellement importans, qu'ils ne peuvent
nanquer d'en généraliser la pratique.

Cette branche d'économie rurale, qui procure
l l'homme des champs les jouissances les plus
louces, n'exige que de très-modiques avances.
'oint de bergeries à construire, de fourrages à
cheter à grands frais, de vastes parcours à af-
ermer : un logement sain et propre, de légers
oins plus récréatifs que pénibles, voila tout ce
iu'il faut ; la diligence des abeilles fait le reste.

Et ce n'est pas ici un simple objet d'agrément :
utre le plaisir qu'il goûte au milieu de ses
beilles, le cultivateur y trouve un produit assuré
t considérable. Un calcul présenté sur des bases
nodérées, va donner une idée du bénéfice qu'on
eut en retirer dans un canton qui serait favorable
ans être excellent.

Je suppose qu'on commence une exploitation d'abeilles par six essaims achetés au mois de mai. Je porte leur prix à six francs chacun ; celui d'une ruche française, y compris le siége et le surtout, à la même somme. J'évalue le produit des essaims naturels, dans un bon canton, à trois kilogrammes de miel, les uns dans les autres ; celui des mères ruches et des essaims artificiels aussi productifs qu'elles, à six kilogrammes, quoiqu'un canton excellent pourrait rendre le double. Je suppose qu'on n'extraie qu'un essaim de chaque ruche (c'est le moyen d'augmenter les récoltes), et quelquefois un essaim secondaire des essaims très-forts, obtenus de bonne heure, et cela pour remplacer les pertes fortuites et maintenir le doublement des ruches qu'on doit attendre chaque année de l'essaimage. J'estime deux fr. le kilogramme de miel récolté dans la ruche française, quoiqu'il se vende trois francs dans bien des pays. Je compte un hectogramme de cire dans une récolte de trois kilogrammes de miel. J'estime celle-ci cinquante centimes l'hectogramme ; et voici mon calcul.

TABLEAU
DES DÉPENSES ET PRODUITS.

~~~~~~

PREMIÈRE ANNÉE.

Dépense.

6 Essaims du mois de mai, à 6 fr. chacun, 36 f.
6 Ruches françaises pour les loger, à 6 fr., 36

Total. . . . . 72 f.

Produit.

18 Kilogr. de miel à 2 fr. le kilogr. . . . 36 f.
 6 Hectogr. de cire en provenant, à 50 c.   3
12 *Id.*, *id.* récoltée à l'entrée de l'hiver. .   6

Total. . . . . 45 f.
Dépense. 72

Reste d'avance. . . . . . 27 f.

DEUXIÈME ANNÉE.

Dépense.

Reste d'avance de l'année précédente. . . . 27 f.
Six ruches françaises pour six essaims. . . 36

Total. . . . . 63 f.
~~~~~~

Produit.

On aura douze ruches qui donneront :
72 Kilogr. de miel à 2 francs. . . . . . . 144 f.
24 Hectogr. cire en provenant . . . . . , . 12
24 *Id.*, *id.* récoltée à l'entrée de l'hiver . 12

        Total. . . . . 168 f.
        Dépense. 63

        Produit net. . . . . . . 105 f.

TROISIÉME ANNÉE.

Dépense.

12 Ruches pour les essaims. . . . . 72 f.

Produit.

On aura vingt-quatre ruches qui donneront :
144 Kilogr. miel. . . . . 288 f.
48 Hectogr. cire en provenant. 24
48 *Id.*, *id.* récoltée à l'entrée de l'hiver. 24

        Total. . . . . 336 f.
        Dépense. 72

        Produit net. . . . . 264 f.

QUATRIÈME ANNÉE.

Dépense.

24 Ruches pour les essaims . . . . 144 f.

Produit.

On aura quarante-huit ruches qui donneront :
288 Kilogr. miel. . . . . 576 f.
 96 Hectogr. cire en provenant. 48
 96 *Id.*, *id.* récoltée à l'entrée de l'hiver. 48

Total. . . . . 672 f.
Dépense. 144

Produit net. . . . . . . 528 f.

Telle est cependant la gradation des produits
qu'on peut obtenir par une avance de 72 fr. qui ,
à la quatrième année , aura produit un fonds de
plus de 500 fr. et un revenu annuel presque égal
au capital. Je n'exagère point ; et la culture des
abeilles fournit dans les campagnes plusieurs
exemples de produits qui dépassent de beaucoup
ceux de mon calcul hypothétique. M. *Lombard*,
dont le canton n'est pas des plus favorables, a
tenu des notes desquelles il résulte que le produit
moyen de chacune de ses ruches excède un
Napoléon d'or par année.

Ce n'est pas que cette progression croissante de capitaux et de revenus que procure la culture des abeilles, puisse se prolonger à l'infini : quand on a suffisamment garni de ruches les alentours de son habitation, on peut en transporter dans le voisinage ; et si on manque de propriétés, on les place à chetel. Enfin, quand on n'a plus la possibilité de les multiplier, on vend les essaims , ou bien on n'en extrait plus que pour supléer aux pertes ; et on empêche leur sortie naturelle par des récoltes hâtives et multipliées qui font gagner en miel ce qu'on perd en essaims. Non-seulement alors les produits sont augmentés par l'abondance des récoltes, mais d'un autre côté la dépense devient nulle, en ce qu'on n'a plus besoin d'acheter de nouvelles ruches.

La facilité qu'offre une exploitation d'abeilles, la commodité de l'associer à toute autre exploitation rurale, le peu de temps qu'elle emploie lorsqu'on procède d'après une bonne méthode, la modicité des avances et des ressources qu'elle exige de la part de ceux qui s'y livrent, les plaisirs dont elle compense les soins qu'on y donne, et par-dessus tout la certitude et l'importance actuelle de ses produits, vont sans doute multiplier les ruches sur le sol fertile de l'Empire français. Aujourd'hui que l'agriculture est honorée en France, que des savans l'enseignent et la pratiquent, que des sociétés illustres y conracrent leurs travaux , que le Gouvernement la protège , et que par conséquent tout concourt à l'améliorer ; la culture des abeilles , encouragée aussi par la recherche de ses produits obtenus presque sans frais , et éclairée soit par les progrès qu'a faits l'histoire naturelle de ces intéressans insectes , soit par plusieurs bons traités d'enseignement pratique , va bientôt se ressentir de cette favorable impulsion : que dis-je ? l'intérêt réveille enfin l'industrie que tant de livres ont vainement agacée ; cette culture s'étend, s'améliore ; ses progrès rallentis par les essais infructueux d'un grand nombre de méthodes , reprennent une nouvelle vigueur dans les campagnes, où elle devient , en quelque sorte , un art à la mode.

Puisse cet enthousiasme nouveau n'être pas un engouement passager , et conduire enfin à sa perfection , cette branche intéressante de l'économie rurale , qui sera toujours pour le naturaliste un champ inépuisable d'observations , qui procurera de l'aisance au pauvre , et dans laquelle le spéculateur, en multipliant les établissemens, peut s'assurer des revenus considérables.

Mais c'est au choix d'une bonne méthode, que sont attachés tous les avantages de cette culture. La ruche française , ou la prévention d'auteur m'aveugle , est très-propre à établir une bonne culture d'abeilles. Elle assure la conservation des ruches par le renouvellement de la cire , leur multiplication par sa commodité à former des essaims artificiels , et leur produit annuel par la facilité de sa récolte et par la pureté du miel qu'on en retire.

Objectera-t-on qu'elle est coûteuse ? Elle l'est, j'en conviens ; mais cette dépense , rentrée dès la première année par les produits qu'elle assure , sera faite pour plus d'un demi-siècle , pendant la durée duquel on retirera annuellement une rente s'élevant au-delà du double de la dépense.

Objectera-t-on la complication de sa forme ? Elle est composée de parties simples et toutes uniformes : quatre étages parfaitement semblables, font une ruche dont le dessus est fermé par une planche qui lui sert de couverture.

Objectera-t-on la difficulté de son usage ? rien n'est plus simple encore :

On reçoit l'essaim dans trois étages , sur lesquels on en place un quatrième, quand ils sont pleins.

Toutes les fois que le quatrième étage est plein , on l'enlève.

A l'entrée de chaque hiver , on enlève l'étage inférieur.

A la sortie de chaque hiver , on replace un étage vide sur la ruche.

Pour faire un essaim , on enlève , six ou huit jours après l'apparition des mâles , et à toute heure de la journée , les deux étages inférieurs qu'on a frappés légèrement pour y attirer la reine , et on laisse en place les deux étages supérieurs.

Voila en substance toute la pratique de cette ruche ; et ces seuls préceptes , rigoureusement observés , peuvent suffire pour en tirer les plus grands avantages. La majeure partie des gens de la campagne n'ont pas besoin d'en savoir davantage.

TABLE DES MATIÈRES

CONTENUES

DANS CE VOLUME.

(175)

TROISIÈME PARTIE.

FIN.

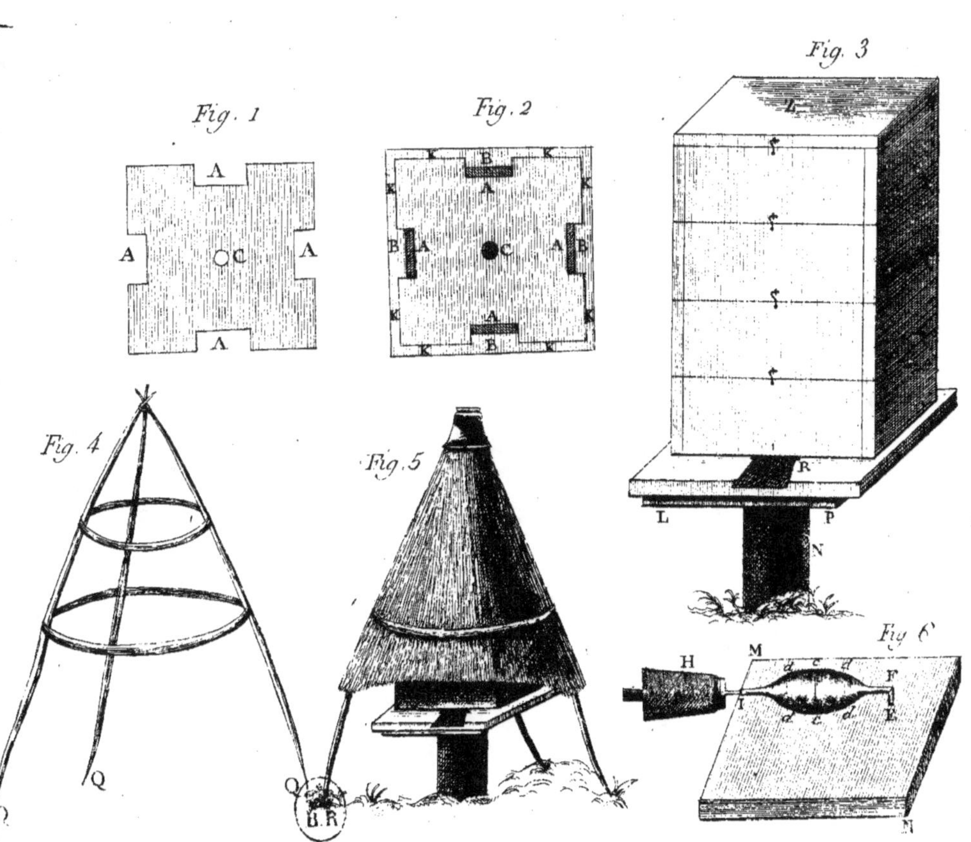

Fig. 1
A A A A C
Fig. 2
B K K B K A A K B C A A B K K B
Fig. 3
L R L P N
Fig. 4
Q Q
Fig. 5
B.R.
Fig. 6
H M a c d F I a d c d E N